Tous nos ouvrages sont disponibles aux

Éditions Decoopman
Ferrières
30440 Saint-Laurent-le-Minier
Tel : +33 (0)4.67.73.90.95
web : www.decoopman.com
e.mail : livres@decoopman.com

Olivier Lacaux
Jean Castanier

I.S.B.N. 978-2-36965-146-8
Dépot légal : 2e trimestre 2022

Organes auxiliaires des machines

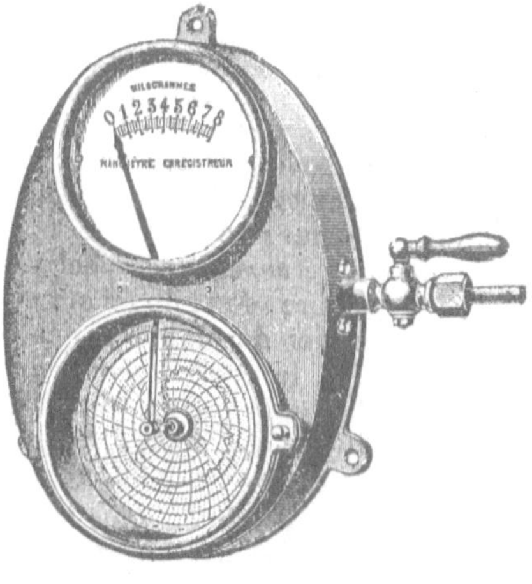

René CHAMPLY

1928

CHAPITRE PREMIER

TIGES, TRINGLES ET GUIDES

Souvent on a besoin, dans la construction des machines, de longues tiges pour la commande à distance ou le guidage : tels sont par exemple : les tiges de pistons des pompes profondes et les guidages d'ascenseurs ; ces tiges sont soumises aux efforts de traction ou de compression, ou aux deux efforts et aussi à la flexion transversale. On trouve dans le commerce des **barres d'acier étiré** rondes, droites et polies et des **tubes d'acier étiré** droits et lisses qui conviennent parfaitement pour la fabrication de ces organes ; généralement il y a avantage à employer des **tiges creuses** en tube d'acier qui sont plus rigides et plus légères qu'une barre pleine remplissant le même office.

Ces barres se font jusqu'à 5 et 6 mètres de longueur et nous donnons ici quelques procédés de jonction selon que l'on peut tolérer une sur épaisseur ou renflement à l'endroit du raccordement, ou que la tige doit être absolument lisse d'un bout à l'autre, comme c'est le cas dans les guidages d'ascenseurs.

Figure 1. — **Barres de sonde** en fer ou acier forgé, de section carrée avec têtes cylindriques à chaque extrémité, filetages mâle et femelle et tenon cylindrique de centrage au bout du filetage mâle.

Figure 2. — **Manchon** avec deux filetages à pas contraires pour aboutissement de tiges pleines ou pour tirants.

(*Voir volume II les tendeurs à vis.*)

Figure 2. — **Tube en fer ou acier** avec filetages et manchons.

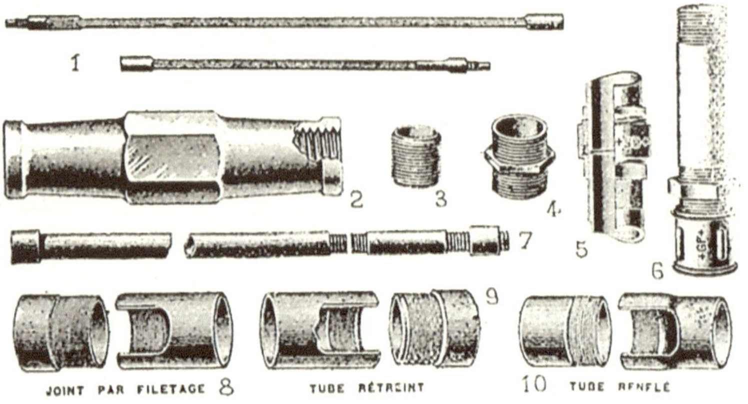

1 à 10. - Jonctions de barres et tubes par filetages.

Figure 3 et 4. — **Mamelons** ou **doubles-mâles** pour raccordement de tubes.

Figure 5. — **Raccord trois pièces.**

Figure G. — **Contre-écrou** serrant sur manchon.

(*Voir volume II. Tubes en fer et en acier, raccords, etc.*).

Figure 8 et 9. — **Raccordement de tubes, sans sur épaisseur,** pour guidages d'ascenseurs.

Figure 10. — **Raccordement de tubes d'acier** avec renflement du tube femelle.

Figure 11. — **Soudure électrique bout à bout** par machine à souder à basse tension ; pour que la soudure soit sérieuse, elle doit donner lieu à un **bourrelet de métal** que l'on enlève sur le tour ou autrement pour avoir une tige parfaitement lisse.

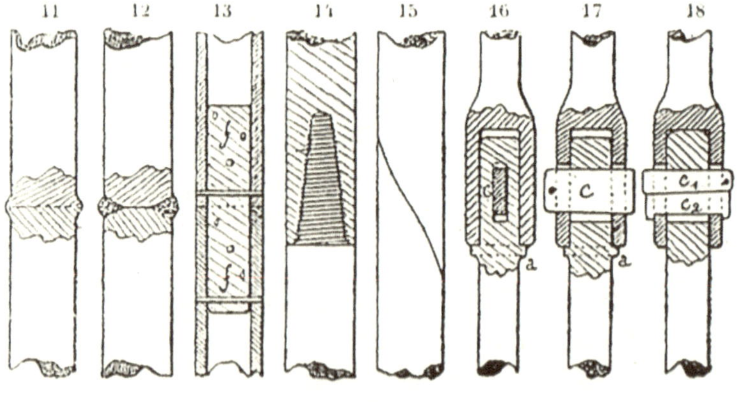

11 à 18. - Jonctions de barres par divers procédés.

Figure 12. — **Soudure autogène bout à bout** obtenue en faisant un large **chanfrein** sur chaque bout d'arbre, de façon que la soudure aille presque près du centre de l'arbre en ayant une section en V.

Figure 13. — **Raccordement de deux barres de tubes** par **noyau** ou **fourrure intérieure** ; l'ensemble maintenu par un certain nombre de **goupilles affleurées** peut être soudé à l'étain ou brasé au cuivre ; ce dispositif est très solide et facile à exécuter.

Figure 14. — **Jonction par filetage conique** de deux **barres pleines.** La jonction de ces deux barres par un goujon cylindrique aurait le défaut de ne laisser à la liaison qu'une résistance bien inférieure à celle de la barre pleine ; la vis conique diminue peu la résistance à la traction.

Figure 15. — **Soudure en sifflet** très solide, sur barre pleine ; peut se faire **électriquement** ou à **chaude portée** par l'emploi de *plaques à souder* au borax.

Figure 16 et 17. — **Clavetage plat** ; ce procédé a l'inconvénient de diminuer la résistance de la jonction ; il est cependant généralement employé pour les liaisons des tiges des pistons avec **les crosses** pour les tiges de pompes profondes. Pour parer à ce défaut, on donne à l'extrémité un plus fort diamètre qu'au corps de tige.

La largeur de la clavette = 10 mm. + 0.50 *d*
L'épaisseur de la clavette = 2 mm. + 0.20 *d*
Angle d'inclinaison du coin = 5 à 6 degrés.

Figure 18. — **Clavetage plat avec contre-clavette** dans laquelle l'arbre est encastré ; C_1 et C_2 ont un champ oblique à 5 ou 6 degrés permettant le serrage par coin, les champs d'appui sur les mortaises pratiquées dans les arbres étant parallèles et perpendiculaires à l'axe ; proportions :

Largeur de la clavette	5 mm. + 0.25 *d*
« *de la contre-clavette*	5 mm. + 0.25 *d*
Épaisseur commune	2 mm. + 0.20 *d*

Le guidage des tiges soumises à des mouvements alternatifs se fait avec des paliers verticaux ou boitards analogues à ceux décrits Vol. III et IX, ou avec des **galets à jante creuse** montés sur roulements lisses ou à billes bien lubrifiés ; les figures 19 et

20 montrent une tige cylindrique et une tige carrée, vues en coupe transversale, avec ce système de galets guides ; les figures 21 et 22 représentent le guidage d'une cage d'ascenseur, d'une crossette, ou de n'importe quel organe mobile entre des tiges fixes : à gauche par friction sur un demi-coussinet en **antifriction** ou en **bronze plombeux**, à droite sur un galet à gorge creuse que l'on monte de préférence sur roulements à billes ; la courbure de la jante du galet doit être d'un diamètre légèrement plus grand que celui de la tige-guide, afin d'éviter le frottement sur les côtés.

Galets. —Les galets employés pour porter les chariots des scies à bois, de certaines raboteuses ou autres machines, doivent rouler sur des rails en acier raboté en forme de V, comme le montre la figure 23, afin que la translation du chariot se fasse avec une grande précision.

Le graissage des galets peut se faire par axe percé et stauffer en bout comme il a été dit à propos des *boulons graisseurs* (*volume I*).

Les figures 24 à 27 font voir le montage de galets sur roulements à billes RBF et SKF à rotules : l'une des couronnes de chaque roulement doit être montée **à glissement** afin que les billes prennent librement leur place ; des feutres empêchent la poussière d'entrer dans les roulements qui sont serrés par des **entretoises tubulaires** concentriques à l'axe du galet. (*Voir volume IX.*)

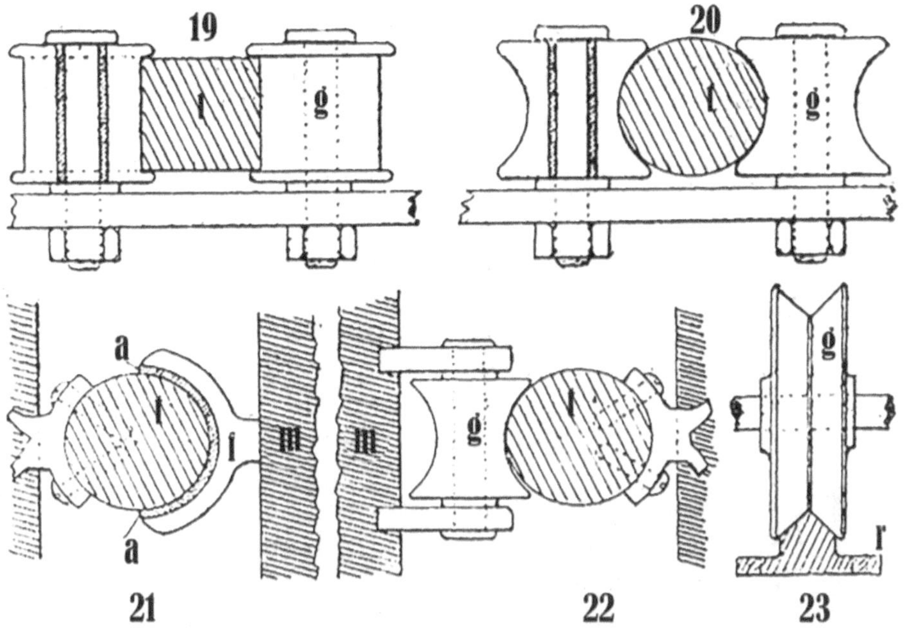

Fig. 19 à 23. - Guidages par galets.

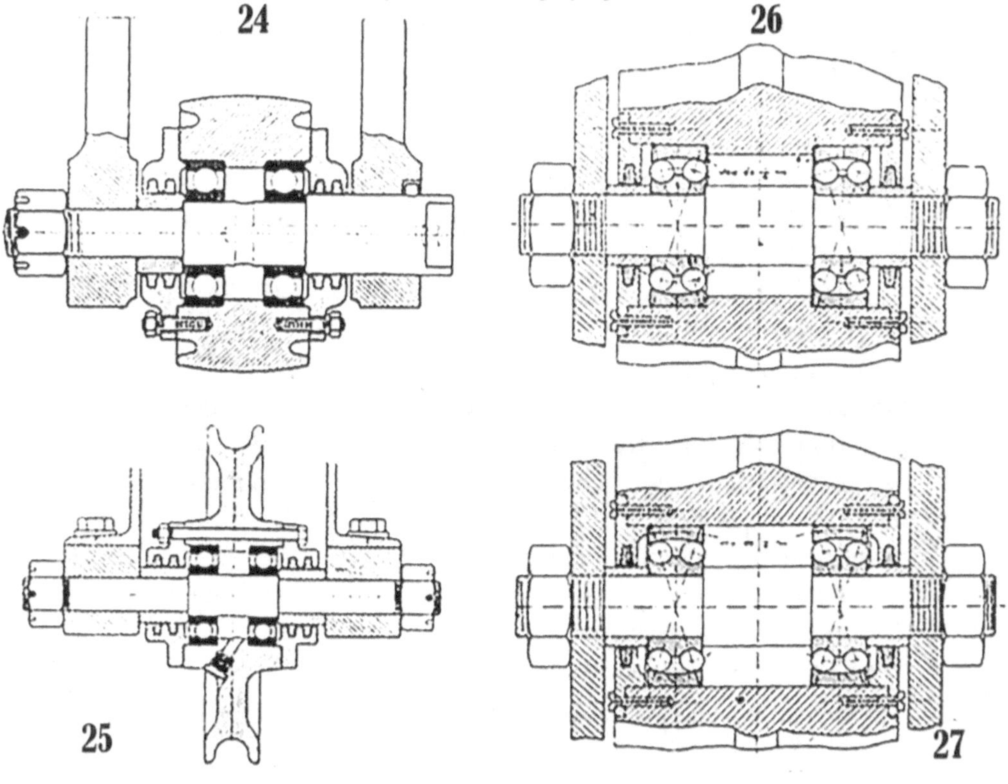

Fig. 24 à 27. - Galets sur roulements à billes

CHAPITRE II

GALETS DE FRICTION

Dans les *volumes I et III* nous avons donné la théorie des galets de friction, leur historique et. la construction des galets en cuir vert. Mais, les qualités précieuses des **agglomérés aux gommes synthétiques** dont nous avons parlé au *volume II* ont rendu pratique l'emploi dos galets de friction dans tous les cas où l'on désire transmettre d'une façon **non positive** une puissance peu importante.

La Société anonyme française du Ferodo a bien voulu nous communiquer sur cette question les résultats obtenus avec ses agglomérés que nous avons étudiés dans les *volumes II et VII* ; voici les documents, conseils et dessins pour la construction et l'emploi des galets de friction au *Ferodo* :

Dans les figures 28 à 39, les roues garnies de *matières fibreuses* sont représentées ombrées. En général, *elles doivent être menantes* ; il y a toutefois des exceptions notamment dans les trains à disque lorsque les conditions doivent être renversées[1]. Il n'y a aucune objection à faire à cette disposition lorsqu'il n'y a *pas danger de glissement du disque contre le galet* sur lequel il produirait un méplat. Lorsque c'est le galet de friction qui mène, il n'y a pas à craindre la formation de méplats.

Les galets cylindriques de friction, tels qu'on les voit, figure 32, sont établis sous forme annulaire soit en piles de feuilles, soit d'une pièce aux dimensions voulues. Ils doivent être montés

(1) Dans la commande des essoreuses, par exemple, où le galet fibreux est commandé par un grand disque en fonte.

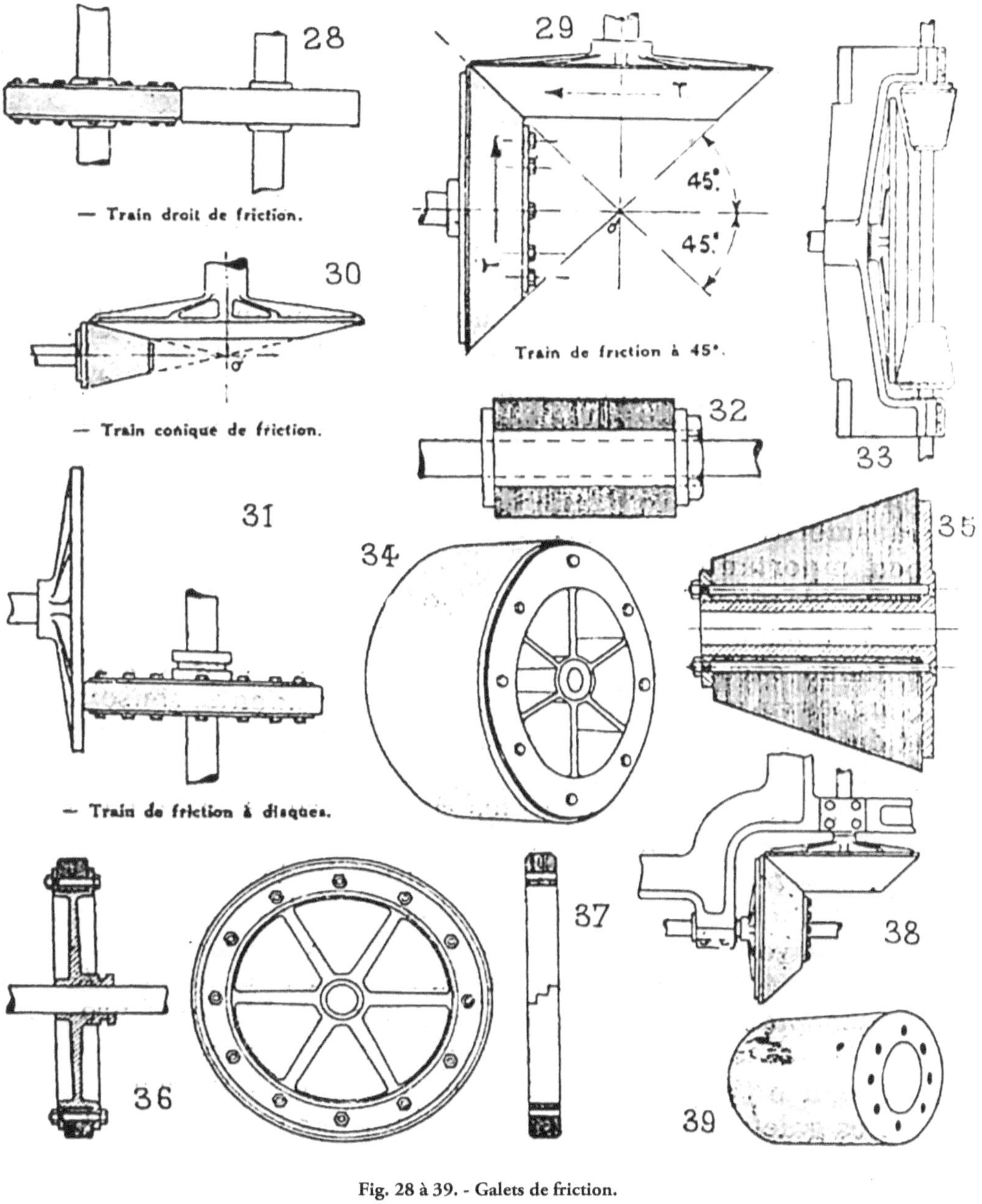

Fig. 28 à 39. - Galets de friction.

très juste sur un noyau de métal à brides. Les galets de petit diamètre sont serrés entre leurs brides par un écrou se vissant sur le noyau tubulaire (fig 39). Dans les galets de plus grand diamètre où l'épaisseur de la garniture entre la périphérie et le noyau métallique est suffisante, il vaut mieux obtenir le serrage par des boulons (fig. 34).

Les garnitures de friction pour galets coniques se montent généralement comme il est indiqué figure 35. Les petits galets coniques peuvent se monter de la même façon que le galet représenté figure 39.

Les garnitures de friction pour trains à disques sont moulées en anneau, figure 37 et montées comme figure 36. La garniture peut être fendue diagonalement pour en permettre le remplacement sans démontage de la roue métallique (fig. 37).

La figure 39 représente un train de friction à 45° correctement monté. La figure 33 donne le montage d'un changement de marche à friction.

Trains à disque. — Il est évident que dans les trains à disque, (fig. 31) le roulement sur le disque du galet de friction n'est pas correct sur toute la génératrice de celui-ci, sauf pour le cercle moyen de roulement. L'anneau du disque couvert par le roulement du galet est limité par deux cercles dont le diamètre diffère de deux fois la largeur du galet. Sur le cercle extérieur le galet va moins vite que le disque ; c'est le contraire pour le disque intérieur. De ce fait, il résulte que l'usure est plus grande que ne le comporterait l'effort d'entraînement seul et qu'il se produit une certaine élévation de température sans danger, il est vrai, pour les galets suffisamment minces.

Pour cette raison il convient de réduire au minimum la longueur de génératrice des galets de transmissions à disques dans la mesure où l'effort a transmettre le permet. Une bonne proportion de cette largeur de garniture au diamètre sera de 1 à 14. La position moyenne de roulement du galet devra être aussi éloignée que possible du centre du disque. Pour un fonctionnement économique, les meilleurs résultats s'obtiennent lorsque le rapport de la largeur de garniture à la distance du galet au centre du disque est de 1 à 8. Par exemple pour un disque de $20^{m/m}$ une bonne distance moyenne au centre sera de 16 centimètres. Les positions plus centrales augmentent le glissement moyen, diminuent le rendement et précipitent l'usure. Les diamètres du galet et du disque doivent être voisins l'un de l'autre, mais il est préférable d'employer de grands diamètres avec un plus petit nombre de tours que d'accroître celui-ci en diminuant le diamètre.

Ainsi que nous l'avons expliqué au volume 1, la transmission par galet sur disque perpendiculaire permet l'inversion de marche par déplacement du galet de l'autre côté du centre du plateau.

Galets coniques. — *De toute nécessité*, la ligne de contact doit passer par le point de rencontre des axes (fig. 29 et 30).

Sauf pour des cas particuliers comme le changement de marche (fig. 33), il est préférable d'appliquer la poussée axiale à la roue la plus obtuse : si l'on fait l'inverse pour des roues d'angle inférieur à 25°, on aura des courses trop importantes pour le rattrapage d'usure de la garniture.

Mode de pression. — Le contact entre les rom s devra être fixe ; autrement dit, il vaudra mieux réaliser la pression par vis ou cames que par des ressorts. Cependant l'emploi de ces derniers sera très utile dans certains cas comme dans les changements de vitesse à disques utilisés en automobile. Dans ces organes il faut que la pression croisse automatiquement lorsque le galet s'approche du centre du disque, pour augmenter l'effort tangentiel au fur et à mesure que le rayon diminue.

Galets de friction en Ferodo. — Puissance, en chevaux-vapeur, que peut transmettre un galet selon son diamètre et le nombre de tours par minute, la longueur de sa génératrice ou épaisseur étant de 1 centimètre et la pression de 30 kil. : Tableau page 16.

Calcul et montage des galets. — Dans l'étude et le montage des galets de friction, il faut observer rigoureusement les points suivants :

1°) Les roues de friction ne doivent pas *être surchargées.*

2°) Le galet de friction doit autant que possible *être menant.*

3°) Les surfaces de contact des roues de friction doivent *tourner très rond* autour de leur axe.

TABLEAU INDIQUANT LE NOMBRE DE CHEVAUX-VAPEUR QUE PEUVENT TRANSMETTRE LES GALETS À FRICTION (D'APRÈS LA S[TÉ] DU FERODO).

	DIAMÈTRES EN MILLIMÈTRES																
T.P.M.	50	60	70	80	90	100	120	140	150	175	200	225	250	300	350	400	450
100	0.026	0.031	0.036	0.042	0.047	0.052	0.063	0.073	0.078	0.092	0.105	0.118	0.131	0.157	0.184	0.210	0.236
120	0.031	0.038	0.044	0.050	0.056	0.063	0.075	0.088	0.094	0.110	0.126	0.142	0.157	0.188	0.220	0.250	0.280
140	0.037	0.044	0.051	0.059	0.066	0.073	0.088	0.103	0.110	0.128	0.147	0.165	0.184	0.220	0.257	0.294	0.330
160	0.042	0.051	0.059	0.067	0.075	0.084	0.101	0.118	0.126	0.147	0.168	0.189	0.210	0.252	0.294	0.335	0.377
180	0.047	0.057	0.066	0.075	0.085	0.094	0.114	0.132	0.142	0.166	0.189	0.213	0.236	0.281	0.330	0.377	0.425
200	0.052	0.063	0.073	0.084	0.094	0.105	0.126	0.147	0.158	0.184	0.201	0.236	0.262	0.315	0.367	0.420	0.472
250	0.065	0.078	0.092	0.104	0.118	0.131	0.157	0.183	0.196	0.228	0.261	0.294	0.326	0.392	0.457	0.521	0.589
300	0.078	0.094	0.110	0.125	0.141	0.156	0.188	0.220	0.235	0.274	0.314	0.351	0.390	0.470	0.548	0.625	0.702
350	0.091	0.110	0.128	0.146	0.164	0.182	0.219	0.255	0.274	0.320	0.365	0.410	0.455	0.548	0.639	0.730	0.820
400	0.105	0.126	0.146	0.168	0.188	0.210	0.252	0.294	0.316	0.368	0.402	0.472	0.524	0.630	0.734	0.840	0.944
500	0.131	0.158	0.184	0.210	0.235	0.262	0.315	0.366	0.393	0.458	0.524	0.590	0.655	0.785	0.918	1.045	1.180
600	0.157	0.188	0.220	0.251	0.282	0.314	0.376	0.440	0.470	0.549	0.627	0.705	0.782	0.940	1.100	1.255	1.410
700	0.183	0.220	0.256	0.293	0.330	0.365	0.440	0.511	0.549	0.640	0.731	0.822	0.915	1.100	1.280	1.465	1.642
800	0.210	0.252	0.292	0.336	0.376	0.420	0.504	0.588	0.632	0.736	0.804	0.944	1.045	1.255	1.460	1.670	1.880
900	0.236	0.283	0.330	0.377	0.423	0.471	0.565	0.660	0.708	0.825	0.941	1.060	1.175	1.410	1.645	1.880	2.120
1.000	0.262	0.314	0.366	0.420	0.471	0.523	0.629	0.731	0.785	0.916	1.045	1.175	1.305	1.570	1.830	2.090	2.350
1 200	0.314	0.376	0.440	0.500	0.564	0.628	0.751	0.879	0.940	1.100	1.255	1.410	1.570	1.880	2.200	2.510	
1.400	0.365	0.439	0.511	0.584	0.657	0.730	0.878	1.025	1.100	1.280	1.465	1.650	1.830	2.200	2.560		
1.600	0.418	0.500	0.585	0.668	0.750	0.835	1.000	1.170	1.255	1.465	1.670	1.880	2.090	2.510			
1.800	0.470	0.562	0.658	0.750	0.845	0.940	1.130	1.320	1.415	1.650	1.880	2.120	2.360				
2.000	0.522	0.628	0.731	0.836	0.940	1.045	1.260	1.465	1.570	1.830	2.100	2.360					
2.500	0.652	0.781	0.915	1.045	1.175	1.310	1.570	1.830	1.960	2.280							

4°) L'eau et l'huile *abaisseront* instantanément la puissance d'entraînement à une quantité négligeable.

5°) Les surfaces de contact des roues de friction doivent être *propres et polies.*

6°) Sous aucun prétexte, il ne faudra employer un adhésif résineux ou autre ; si la puissance d'entraînement est insuffisante, *augmenter la pression et la largeur du contact.*

7°) Dans les trains droits et coniques, le roulement exact, c'est-à-dire la correction des angles, selon les figures 29 et 30, doit être respecté.

8°) Ne pas faire rouler l'un sur l'autre deux galets garnis ; la meilleure combinaison consiste en un *galet garni entraînant une roue en fonte polie.*

9°) La poussée doit être aussi fixe que possible, c'est-à-dire par *paliers tendeurs à vis ou à came.*

10°) *30 kilos* par *centimètre de génératrice* est la pression recommandée.

11°) La largeur totale de la garniture doit être plus grande que la longueur du contact ; *les angles doivent être abattus* pour éviter que la garniture ne s'étale ni ne s'effiloche.

Le tableau page 16, établi par la Société du Ferodo, à raison d'une pression de 30 kilos par centimètre de largeur d'un galet, donne le nombre de chevaux que ce galet peut transmettre selon son nombre de tours par minute. Il suffit d'augmenter à volonté la largeur d'un galet pour augmenter sa capacité de transmission : par exemple, selon ce tableau, un galet de 300 mm. de diamètre transmet 1 cheval 10 à 700 tours par minute pour 1 centimètre de largeur et une pression de 30 kilos ; il transmettra le double, le triple, etc... en doublant ou triplant sa largeur et la pression en même temps.

Pour transmettre 5 chevaux ½ avec ce galet, il faudrait lui donner 55 millimètres de largeur et une pression de 150 kilos.

Si l'on double ou triple le diamètre d'un galet, on augmente dans les mêmes proportions sa puissance de transmission, par le fait que l'on double ou triple sa vitesse circonférentielle.

La société du Ferodo estime qu'il ne faut pas dépasser la pression de 45 kilos par centimètre de génératrice, celle de 30 kilos étant préférable car elle use bien moins vite les galets.

Formules relatives aux galets de friction en agglomérés dits « Ferodo ».

1° Pour trains de friction droits et coniques

Soient :

N. — Le nombre de tours du galet par minute.

W. — La largeur de la garniture en centimètres.

P. — La pression normale par centimètre de génératrice mesurée en kilos.

K. = 710. Une constante.

R. — Le rayon du galet en mètres.

μ. — Le coefficient de frottement.

Nous aurons :

$$CV = \frac{N \times W \times P \times \mu \times R}{K}$$

Admettons pour P la valeur de 30 kilos et, pour μ, 0.25. Soit à trouver le nombre de CV que peut transmettre un galet de 25 m/m de large et 200 m/m de diamètre à 800 tours par minute.

$$CV = \frac{800 \times 2{,}5 \times 30 \times 0{,}25 \times 0{,}1}{710} = 2{,}1\ CV$$

Soit à trouver la puissance en chevaux, la poussée normale et la largeur de garniture d'un galet de friction de 30 cm. de diamètre, tournant à 1.000 tours par minute et transmettant un couple de 4 kilogrammètres ou 26,6 kilos d'effort tangentiel.

$$CV = \frac{1000 \times 26{,}6 \times 30 \times 0{,}15}{710} = 5{,}7\ CV$$

La poussée normale est :

$$\frac{26{,}6}{0.25} = 106 \text{ kilos.}$$

La longueur de génératrice est :

$$\frac{106}{30} = 35{,}5 \ ^{m/m}$$

On peut simplifier la formule pour la capacité de transmission des trains de roues droites ou coniques en admettant pour P x µ la valeur : 30 x 0.25 = 7 k. 5 par centimètre.

Il vient alors :

$$CV = \frac{D \times W \times N}{191}$$

où D est le diamètre du galet en mètres.

W sa largeur de garniture en centimètres.

N le nombre de tours par minute.

2° Trains de friction à disques

Pour ces transmissions où :

P X µ = 45 x 0.25 = 11 k. 25 par centimètre :

On a :

$$CV = \frac{D \times W \times N}{126}$$

D étant le diamètre du cercle moyen de roulement du galet sur le disque, en mètres.

W La longueur de génératrice du galet, en centimètres.

N Le nombre de tours par minute du disque.

En résumé

Pour transmettre la puissance de 1 HP par galet de friction à roulement exact, il faut faire passer au contact 10 décimètres carrés de garniture par seconde.

Pour les transmissions à disque, on accepte de ne faire passer que 6,6 décimètres carrés.

Galets en cuir vert. — S'emploient pour transmissions par friction ; on les construit comme il a été dit au volume V, pages 108 et suivantes.

Le coefficient de frottement *cuir* sur fonte sèche est environ 0,25 ; les données du tableau, page 16 sont donc applicables au cuir.

Voir volume I, page 125, le tableau des coefficients de frottement.

Galets en bois. — (Voir Volume 1.)

CHAPITRE III

RÉGULATEURS DE PUISSANCE ET DE VITESSE

Toutes les fois qu'une machine doit fonctionner à vitesse constante et invariable, le travail moteur doit être, *à chaque instant*, proportionné au travail résistant. Le **volant** dont nous avons parlé au volume IX, régularise les inégalités du travail moteur *pendant un tour de l'arbre*, mais il n'agit pas sur la *production de ce travail* ; au contraire, le régulateur de vitesse et de puissance doit diminuer ou augmenter le travail moteur *selon l'effort imposé à la machine.*

Pour cela, on agit, généralement, sur l'alimentation d'eau s'il s'agit d'une machine hydraulique, de vapeur ou de gaz s'il s'agit d'un moteur thermique ; pour les moteurs tonnants allumés électriquement, on peut aussi couper *momentanément l'allumage*, mais ce procédé est mauvais car la consommation de carburant continue sans effet utile et devient nuisible car les gaz explosibles s'accumulent dans les tuyauteries et pots d'échappement.

L'admission *à plein* étant déterminée pour la puissance maxima de la machine, le régulateur devra donc pouvoir la diminuer jusqu'à une limite laissant seulement à la machine la possibilité de tourner à vide à son régime normal de vitesse ; c'est-à-dire que le régulateur devra manœuvrer automatiquement la vanne d'admission du fluide moteur depuis une ouverture très faible jusqu'à l'ouverture totale : c'est **l'admission progressive.**

Cependant, certains régulateurs agissent par *tout ou rien* : c'est-à-dire qu'ils arrêtent totalement l'admission, dès que la vitesse dépasse la normale ; le moteur continue alors à tourner par la force vive de son volant et le régulateur rétablit l'admission aussitôt que la vitesse tombe au-dessous de la normale.

Le système tout ou rien est appliqué à des moteurs à distribution **par soupapes** et le régulateur agit directement sur le mécanisme de levée de ces soupapes ; ce procédé ne donne pas une très grande régularité de vitesse, mais il est généralement de construction simple et économique, suffisant pour les moteurs industriels. Les moteurs actionnant les génératrices électriques doivent, au contraire, avoir une grande régularité de vitesse et l'alimentation progressive est alors préférable.

Les régulateurs automatiques sont employés dans un grand nombre de cas : par exemple, pour régler le tirage des cheminées des foyers, le débit des ventilateurs, la pression des pompes : pour la manœuvre de rhéostats électriques, etc.

Nous ne nous occuperons ici que de la construction de l'appareil régulateur et nous reviendrons sur ses applications dans les volumes spéciaux aux moteurs hydrauliques, à vent, à vapeur, à gaz, aux machines électriques.

Les régulateurs mécaniques sont basés soit sur l'*inertie d'une masse* à laquelle on imprime un *mouvement pendulaire*, ce sont les **régulateurs d'inertie** ; soit sur la *force centrifuge*, ce sont les **régulateurs à boules** ou **masses centrifuges** ; soit sur la *pression ou la dépression d'un fluide* dépendant de la marche de la machine, cc sont les **régulateurs à dépression.**

Il existe des centaines de modèles de régulateurs, nous en décrirons ici quelques-uns des plus employés.

Régulateurs d'inertie. — Utilisés sur les moteurs à explosions pour l'admission *tout ou rien*, ces régulateurs sont basés sur la propriété du **pendule** de mettre toujours le même temps pour une oscillation ; si nous employons un pendule, composé d'une tige légère et d'une masse pesante, pour actionner la levée d'une soupape d'admission, cette soupape ne pourra fonctionner qu'en même temps que le pendule, c'est-à-dire que le pendule imposera au moteur une régularité absolue.

M. *Witz* dans son classique *Traité des moteurs à gaz*, décrit plusieurs régulateurs d'inertie dont le fonctionnement est résumé schématiquement par la figure 40 :

Un bras articulé *l* portant une masse pesante *p* est mis en mouvement de *va et vient* par une **coulisse** *c* actionnée par le moteur ; le prolongement d'équerre de ce levier vient buter contre un bossage fixé au bâti du moteur : la masse *p* se trouve donc lancée à chaque mouvement de la coulisse *c* dans la position *yam* ; en retombant normalement, la pointe *x* accroche et pousse la tige *s* de la soupape d'admission de gaz : il y a *touche*.

Si le mouvement de la coulisse *c* est trop rapide, la masse *p* n'a pas le temps de retomber et la pointe *x* passe en dehors de la queue de la soupape : il y a *manque* et l'admission de gaz ne se fait pas ; d'où ralentissement du moteur.

En réglant convenablement la position du poids *p* sur la branche *a l* on peut faire varier la vitesse du moteur et la régler à la normale désirée.

Dans notre dessin, la butée *b* s'efface pendant que le levier remonte et le ressort *r* la ramène pour le coup suivant. Le temps d'oscillation d'un pendule est :

$t = \pi \sqrt{i/g}$; l = longueur de la tige ; g = 9,81.

On peut concevoir de cent manières ces régulateurs d'inertie soit avec bras rigides, soit en mettant la masse *p* au bout d'un ressort en lame ; ils comportent toujours un **doigt** qui vient toucher l'organe distributeur ou bien le manque. Il suffit généralement d'un poids *p* de cent grammes environ pour assurer le bon fonctionnement de ces mécanismes très simples et sûrs, mais ne donnant pas une extrême régularité au moteur.

Régulateurs centrifuges. — La formule de la force centrifuge

$F = \frac{P\omega^2 r}{g}$, dans laquelle ω est la vitesse angulaire, *r* le rayon du cercle, g = 9.81 et P le poids de la masse en mouvement, indique que cette force est proportionnelle à la vitesse angulaire, c'est-à-dire au nombre de tours par minute ; on peut donc l'utiliser pour régler la vitesse d'une machine.

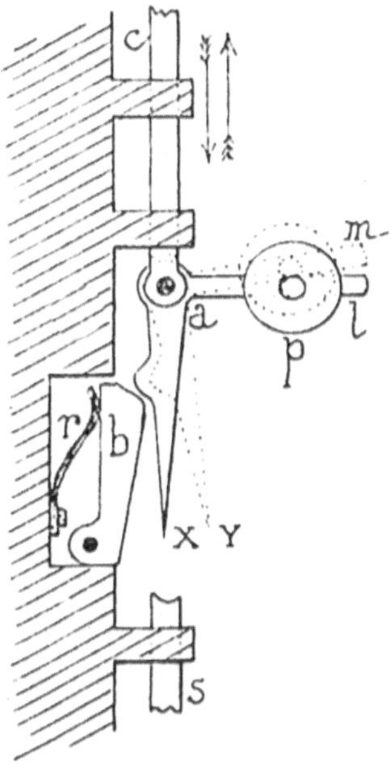

Fig. 40.

Régulateur d'inertie.

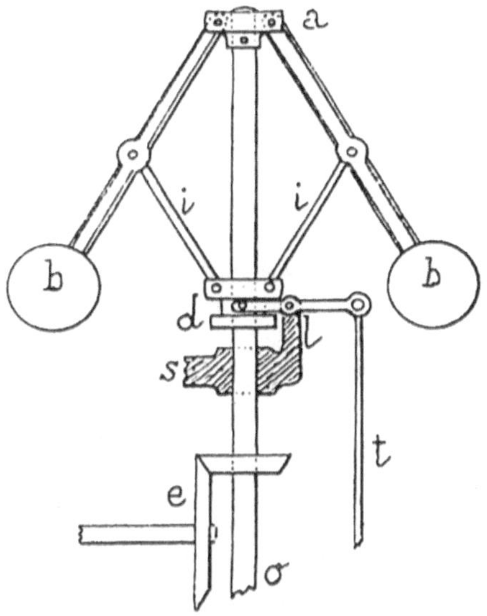

Fig. 41.

Régulateur de Watt

Le premier régulateur centrifuge est dû au mécanicien *Watt* et représenté figure 41 : un axe vertical *oa* est animé d'un mouvement de rotation continu par le moteur et porte, *articulés* en *a*, deux bras terminés par des *boules* pesantes *bb* d'où son nom de **régulateur à boules** ; deux biellettes *ii* sont articulées vers le milieu des bras *ab* et peuvent entraîner une **douille d** coulissant librement sur l'arbre vertical *oa* ; la dite douille actionne par une fourchette un levier *l* et une tige *t* agissant sur la vanne d'admission ou sur la levée des soupapes.

Si les boules *bb* s'écartent par *l'effet de la force centrifuge*, la douille *d* est soulevée et ferme l'alimentation du moteur.

Pour qu'un tel régulateur soit sensible, il faut que les boules prennent leur équilibre pour la vitesse normale V du moteur et qu'une très faible augmentation ou diminution de cette vitesse provoque un assez grand déplacement de la douille *d* avec une force suffisante pour manœuvrer l'organe d'alimentation.

Sensibilité et insensibilité. Irrégularité. — Le régulateur n'agit qu'*après* que la vitesse de la machine s'est modifiée ; il ne maintient donc pas cette vitesse absolument constante : soit V la vitesse moyenne normale de la machine V_1 et V_2 les vitesses extrêmes acceptables en dessous et en dessus de la normale, on a :

$$V = \frac{V_1 + V_2}{2}$$

et *l'irrégularité i* a pour expression :

$$i = 2\,\frac{V_2 - V_1}{V_1 + V_2}$$

cette valeur est d'environ 0.025 pour les bons régulateurs.

Si nous considérons le régulateur à un moment quelconque où il est en équilibre, cette position d'équilibre ne sera modifiée que si la vitesse varie en plus ou en moins entre deux limites V' et V'' entre lesquelles le régulateur ne bouge pas ; son *insensibilité* I est déterminée par l'expression :

$$I = 2\,\frac{V' - V''}{V' + V''}$$ dont la vitesse doit être environ 0.05.

En additionnant l'*irrégularité i* et l'*insensibilité* I, on obtient l'irrégularité pratique de la machine :

$i + I = 0.025 + 0.05 = 0.075.$

Mais les irrégularités se produisant pendant un tour du volant par le fait du fonctionnement mécanique de la machine, ne doivent pas être compensées par le régulateur ; la régularité du volant doit donc être supérieure à celle du régulateur, ce qui suppose un **volant lourd** tel que son coefficient de régularité 1/C (*Voir volume IX*) soit supérieur à l'insensibilité du régulateur.

Pour empêcher les régulateurs très sensibles d'osciller trop rapidement, on les munit d'un **frein à huile** ou **dash-pot** constitué par un petit piston percé d'un trou se déplaçant à frottement doux dans un cylindre rempli d'huile. (Voir fig. 53).

Calcul d'un régulateur à boules. — *La force centrifuge*, en fonction de la vitesse circonférencielle des boules, a pour expression $F = \frac{PV^2}{gR}$, P étant le poids d'une boule et R le rayon de la circonférence décrite par le centre de gravité du système en rotation ; dans le poids P de la boule, il faut comprendre le poids des bras articulés qui tournent et subissent aussi l'action de la force centrifuge ; nous supposerons, pour simplifier, que le centre de gravité de cet ensemble se confond avec le centre de la boule : mais, pour un calcul exact, il faudrait déterminer d'abord ce centre de gravité dont dépend le rayon R.

La vitesse V est $V = \frac{2\pi R n}{60}$, *n* étant le nombre de tours par minute du régulateur ; en combinant les deux expressions, on a, pour la force centrifuge d'*une boule* :

$$F = \frac{P}{g} \times \frac{4\pi^2 R n^2}{3600} \ (1).$$

Soient, figure 50, L la longueur du bras depuis *l'articulation commune a* jusqu'au centre de gravité et *l* la longueur entre l'articulation *a* et l'articulation *b* de la biellette portant le **manchon** et M *le poids du manchon augmente de l'effort nécessaire* pour actionner la vanne ou la soupape d'admission du fluide moteur :

Chaque point *b* supportera $\frac{M}{2}$ et la force nécessaire pour déplacer horizontalement ce point *b* sera :

$f = \frac{M}{2}$ tang α ; α étant le demi angle en *a*.
On pourra donc écrire de suite :

$$FL = \frac{M}{2} \text{tang}\, \alpha\, l, \text{ d'où } F = \frac{Ml \text{ tang}\, \alpha}{2L} \ (2)$$

en égalisant avec l'expression (1) ci-dessus, on a :

$$\frac{P}{g} \times \frac{4\pi^2 R n}{60} = \frac{Ml \textit{ tang}\, \alpha}{2L} \text{ ; mais } R = K \sin \alpha \text{ d'où :}$$

$$P = \frac{Ml \text{ tang}\, \alpha \times 3600\, g}{2L \times 4\pi^2 n^2 L \sin \alpha} \text{ ;}$$

comme $\text{tang}\, \alpha = \frac{\sin \alpha}{\cos \alpha}$

on a :

$$P = \frac{Ml \times 3600 \times 9{,}81}{8\pi^2 Ln^2 \cos \alpha} \quad (3)$$

Cette formule permet de calculer immédiatement le poids des boules et des bras du régulateur connaissant le nombre de tours n, les longueurs L et l ainsi que l'angle α.

Ces quatre données sont arbitrairement choisies selon les proportions de la machine : l'*angle* α varie selon les diverses positions des boules à la fermeture et à l'ouverture de l'admission ; on en prend la valeur moyenne que l'on fixe entre 30 et 40 degrés, en observant que le déplacement vertical du point b et, par conséquent, du manchon, augmente rapidement à partir de 30 degrés de l'angle α.

Le *nombre de tours n* peut être pris entre un et deux fois le nombre de tours de l'arbre moteur de la machine pour les machines à marche très lente de moins de 100 tour par minute ; égal ou ne dépassant pas 200 tours par minute pour les machines de 100 à 200 tours par minute.

Pour les machines à grande vitesse on met généralement un **régulateur dans le volant** dont nous parlerons plus loin.

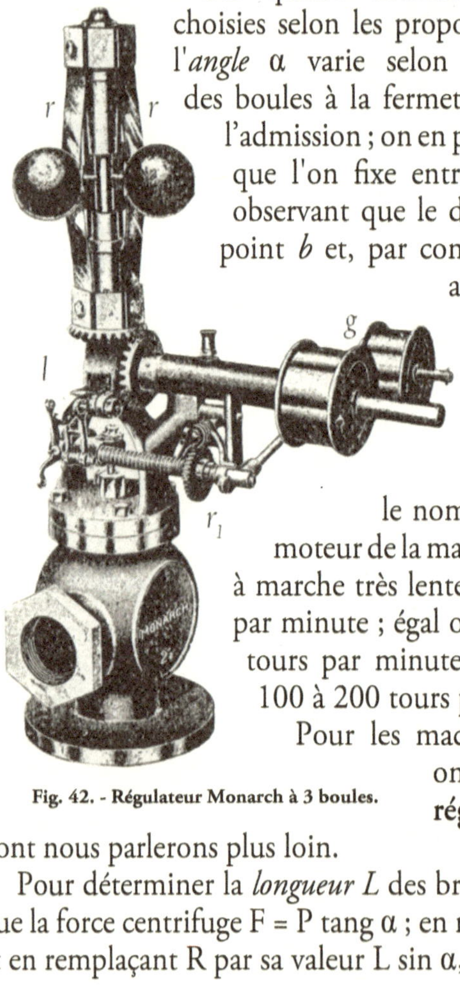

Fig. 42. - Régulateur Monarch à 3 boules.

Pour déterminer la *longueur L* des bras, nous pouvons écrire que la force centrifuge F = P tang α ; en reprenant la formule (1) et en remplaçant R par sa valeur L sin α, nous aurons :

$$P \text{ tang } \alpha = \frac{P}{g} \times \frac{4\pi^2 n^2 L \sin \alpha}{3600} = \frac{P \sin \alpha}{\cos \alpha}$$

d'où :

$$L = \frac{3600\,g}{4\pi^2 n^2 \cos\alpha} = \frac{894{,}5}{n^2 \cos\alpha} \quad (4)$$

La *longueur l* se prend entre L/2 et L ; si l'on fait l = L le régulateur agit rapidement sur le manchon et il faut augmenter le poids de ce dernier par un lourd contre-poids, comme dans le *régulateur Porter*, figure 44 ou le modérer par un ressort comme figure 43.

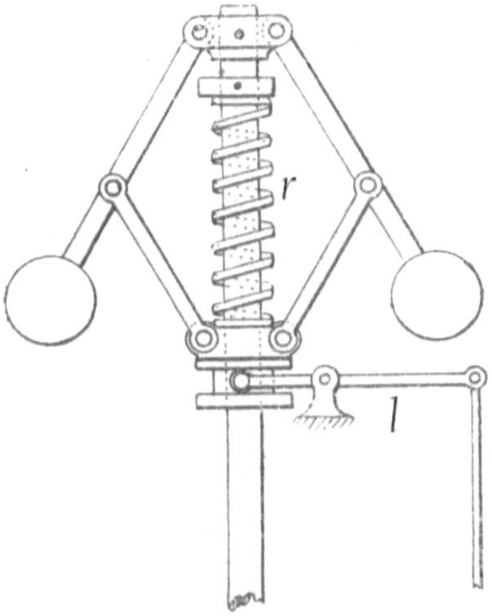

Fig. 43. - Régulateur à ressort de rappel.

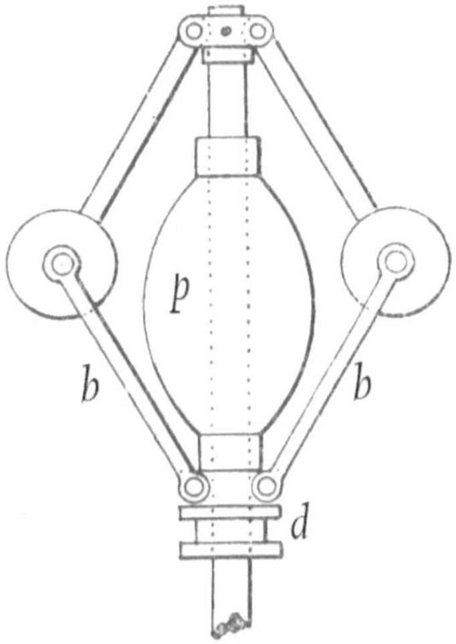

Fig. 44. - Régulateur Porter à contrepoids

Nous avons donc déterminé tous les éléments nécessaires au calcul du poids P par la formule (3) ; mais le régulateur doit satisfaire aux conditions de sensibilité et d'irrégularité indiquées plus haut, ce qui donne lieu à un ajustement de la vitesse *n*, de l'angle α et des autres éléments du régulateur et aussi des leviers et organes d'admission du fluide moteur.

L'établissement d'un régulateur sensible et régulier est un problème délicat sur lequel les spécialistes eux-mêmes éprouvent souvent des mécomptes ; mais, un régulateur étant construit d'après les données ci-dessus, il est toujours facile de modifier sa sensibilité par l'adjonction de contrepoids ou de ressorts soit sur l'arbre vertical, comme figures 43 et 44, soit sur les leviers et tringles commandant les organes d'admission.

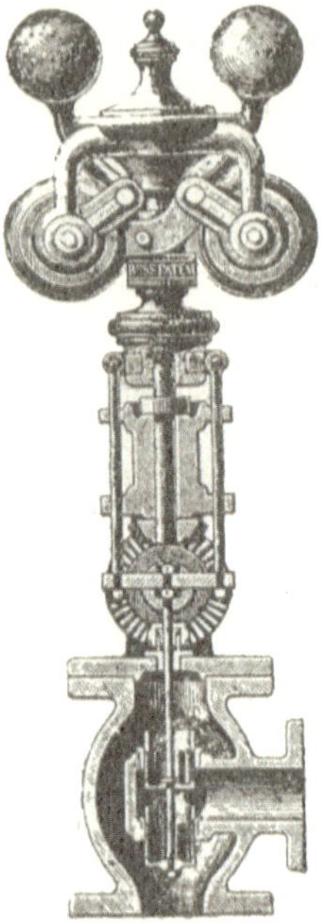

Fig. 45. - Régulateur Buss.

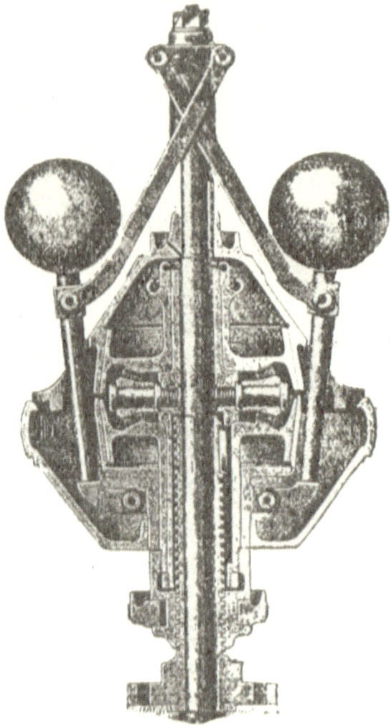

Fig. 46. - Régulateur Steinb.

En ce qui concerne ces intermédiaires entre le manchon du régulateur et la valve ou soupape d'admission du fluide moteur, il est bon de les réduire au minimum, leur inertie et leurs frottements nuisant à la sensibilité de l'ensemble ; on verra figures 42, 47, 60 et 61 des régulateurs agissant aussi directement que possible sur la vanne de vapeur et figures 55 et 56 des régulateurs agissant sur l'excentrique commandant le tiroir.

Calcul de la course du manchon m (fig. 50).

Le triangle *m a b* donne, pour la distance $a\ m = h$

$h = \dfrac{l \sin(\alpha + \beta)}{\sin \beta}$; pour les deux positions extrêmes des boules,

les angles α et β deviendront α' et β' et la course du manchon

$h - h'$ sera $h - h' = l \left(\dfrac{\sin(\alpha + \beta)}{\sin \beta} - \dfrac{\sin(\alpha' + \beta')}{\sin \beta'} \right)$.

La mesure des angles α et α' se trouve par la formule (4) qui donne $\cos \alpha = 894{,}5 \ / \ n^2\ \mathrm{L}$; quant aux angles β et β' ils dépendent de la longueur des biellettes *m b* et peuvent être mesurés sur l'épure ou calculés par la relation :

$\sin \beta = \frac{l \sin \alpha}{B}$, B étant la longueur de la biellette *m b*.

Nota. — Dans le cas où les deux bras LL n ont pas une articulation commune, comme figure 51, les dimensions doivent être prises, pour les calculs ci-dessus, à partir du point a' de rencontre théorique des deux bras LL. Les constructeurs les plus réputés ont contribué à perfectionner le régulateur à boules de *Watt* ; nous donnons ci-après les descriptions de quelques modèles les plus appréciés.

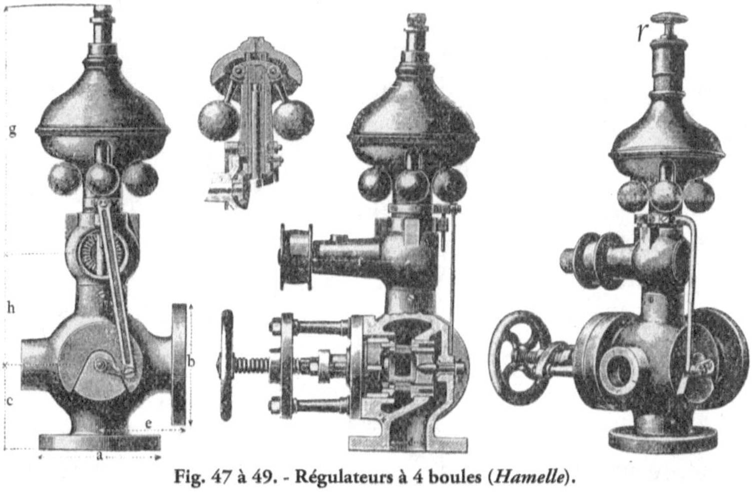

Fig. 47 à 49. - Régulateurs à 4 boules (*Hamelle*).

Défauts du régulateur de Watt. — Le simple régulateur à boules n'est pas isochrone, c'est-à-dire que son action n'est pas constante à chaque position des boules, ce qui est normal puisque le rayon de rotation de ces masses varie à chaque instant ; d'autre part, il n'agit qu'assez longtemps après que la vitesse de la machine a varié à cause de l'inertie ou de la force vive des boules ; on a cherché à remédiera ces défauts très graves dans les machines appliquées à la production de l'électricité ou à la commande d'ateliers sujets à de brusques variations d'efforts : les scieries et les laminoirs par exemple. Nous allons décrire rapidement quelques modifications intéressantes.

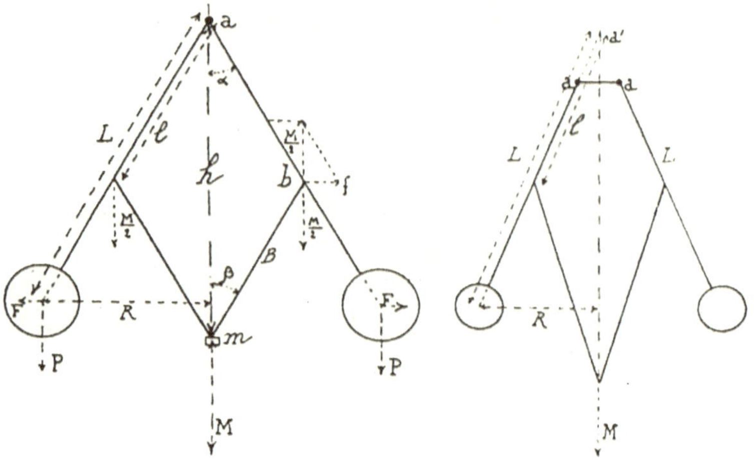

Fig. 50 et 51. - Calcul des régulateurs de Watt.

Régulateurs Farcot. — Cet ingénieur-constructeur a inventé et appliqué plusieurs modifications heureuses au régulateur de Watt ; son régulateur à compensation représenté figure 52 agit par deux cônes de friction sur un axe commandant la distribution de vapeur ; selon que l'un ou l'autre des cônes horizontaux attaque le cône vertical, la came de commande tourne à droite ou a gauche. Cet appareil est très sensible.

Le **régulateur à bielles croisées** que montre la figure 53, est construit de telle sorte que les boules ne s'élèvent pas selon une circonférence, mais en décrivant une courbe qui se rapproche d'une parabole ; l'isochronisme de l'appareil est ainsi meilleur et encore augmenté par un contrepoids agissant sur une sorte de came convenablement calculée et par un ressort à boudin placé dans l'intérieur de l'arbre vertical du régulateur. Cet ensemble, assez compliqué, augmente les frottements qui nuisent à la sensibilité du régulateur.

Régulateurs à ressort ou à poids. — La figure 43 montre l'application d'un ressort destiné à augmenter la rapidité du mouvement des boules : certains constructeurs mettent des ressorts d'une boule à l'autre. La figure 44 est le régulateur à poids de Porter : le poids central est beaucoup plus important que le poids des boules ; cet appareil n'est pas isochrone, mais il est plus sensible que celui de Watt.

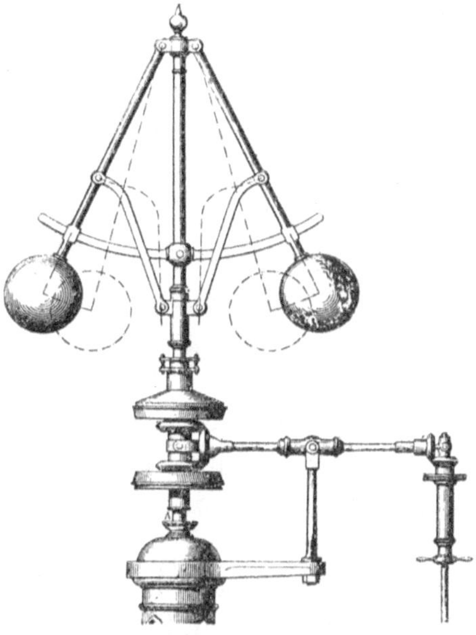

Fig. 52 - Régulateur Farcot.

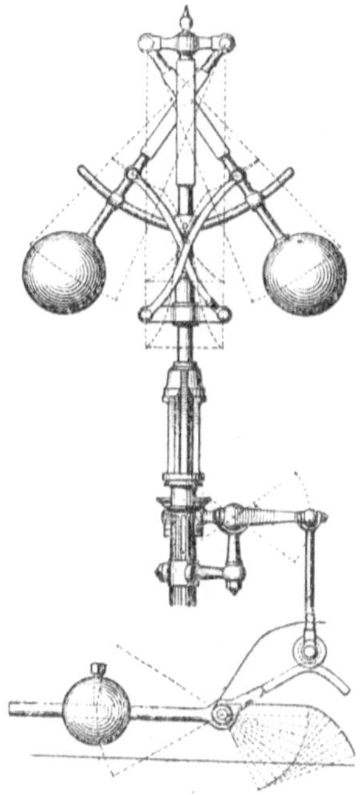

Fig. 53 - Régulateur à bielles croisées

Le régulateur **Monarch** de MM. Glaenzer et Perreaud à Paris, représenté figure 42, a trois boules solidaires de **ressorts à lames** qui agissent par un levier *l* et deux biellettes directement sur une **vanne équilibrée** placée immédiatement sous le régulateur ce qui supprime les longues tringles et articulations; cet appareil est remarquable par la présence d'un **galet de sûreté** *g* sur lequel passe le brin supérieur de la courroie de commande : si cette courroie tombe ou casse, le galet *g* **remonte automatiquement** et ferme la vanne de vapeur ; un ressort à boudin dont la tension est modifiable par la roue r_1, permet de régler la sensibilité du régulateur.

Régulateur à quatre boules (fig. 47 à 49). — Dans cet appareil, de M. *Hamelle* à Paris, les boules sont articulées dans l'intérieur d'un contrepoids très lourd et s'élèvent ou s'abaissent en même temps que lui ; la figure 48 montre le détail d'articulation. La vanne de vapeur est parfaitement équilibrée : le régulateur lui est relié par une bielle très courte : donc peu d'inertie et grande sensibilité. La vanne de vapeur se manœuvre à la main pour *modifier à volonté* l'action du régulateur ; à cet effet, la valve modératrice est percée de canaux rectangulaires ; la vapeur passe à plein jet quand le régulateur est en bas et lorsque la valve d'arrêt est entièrement ouverte. Mais aussitôt que l'on ferme cette valve d'arrêt partiellement, le passage se rétrécit dans le sens longitudinal, et on diminue ainsi la section des canaux, correspondant à la position la plus basse du régulateur. Malgré cette diminution de passage, le régulateur conserve son effet modérateur sur toute sa course, puisque la largeur des canaux reste la même.

Cette possibilité de modifier la section des canaux équivaut à un établissement à volonté du degré de sensibilité du régulateur, car plus on utilise de course pour un rétrécissement déterminé du passage, plus l'effet de réglage est grand.

Le **régulateur à quatre pendules** est étudie de telle façon qu'une faible différence de vitesse suffit pour lui faire parcourir toute sa course.

Sa sensibilité est suffisante pour toutes les conditions de marche, attendu que le régulateur est presque astatique dans ses positions moyennes : il est plus stable au commencement et à la fin de la course.

Un ressort de réglage est quelquefois mis au-dessus des boules, figure 49, pour faire varier à volonté la vitesse de 10 pour cent en dessus ou en dessous de la normale.

Le **régulateur** *H. Guillou* est à ressort antagoniste. Il se compose (fig. 54) d'un plateau circulaire *a* calé sur l'axe vertical *b* et muni d'appendices destinés a supporter les axes *j*. Les masses équilibrées *cc.* sont solidaires des leviers coudés *d.d* ; ces leviers sont articulés en *j* par l'intermédiaire du roulements à billes ; leurs branches contre-coudées portent à leur extrémité des galets trempés prenant contact sous la bride supérieure du manchon *c*, lequel comporte une gorge avec bague rapportée à vis, cc qui permet d'établir le collier d'entraînement en une seule pièce ; la bride supérieure du manchon *c* est reliée par trois cotonnettes *f*, traversant le plateau *a*, a un disque qui reçoit la partie inférieure du ressort antagoniste *g*. Le passage des cotonnettes *f* au travers du plateau a assure l'entraînement circulaire du manchon qui ne comporte pas de clavette.

La partie supérieure du ressort *g* est coiffée d'un disque soumis à l'action de la vis *h* qui a pour but de permettre un réglage précis de la vitesse de régime du moteur lors des essais.

Un capot *i* est fixé par quatre vis au disque *a* qu'il emboîte.

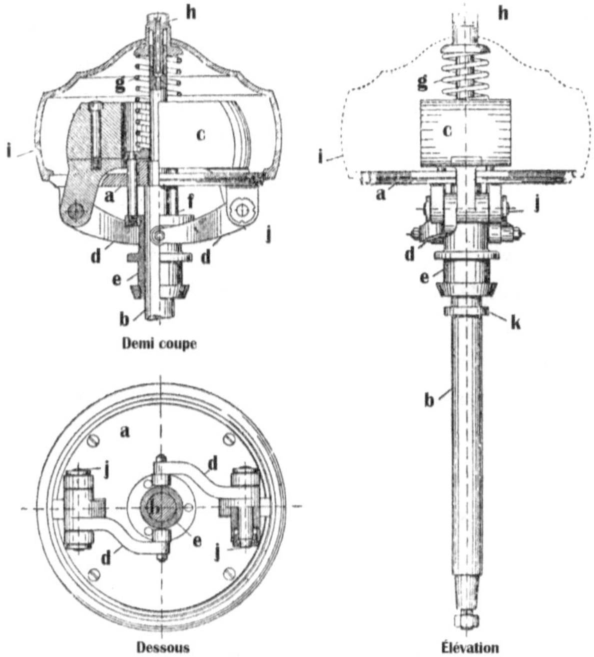

Fig. 54. - Régulateur Guillou.

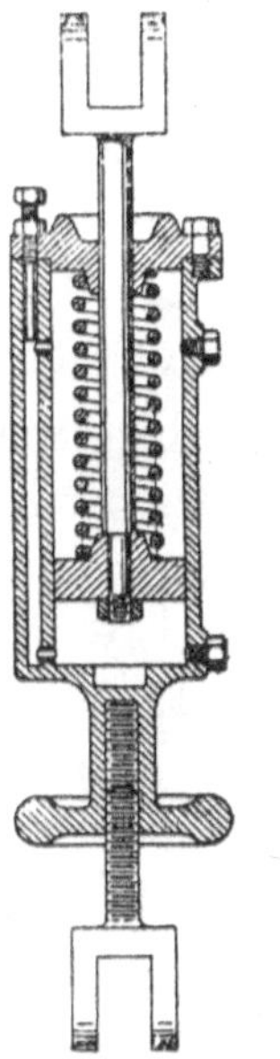

Fig. 55. - Amortisseur Guillou.

Amortisseur à huile pour régulateurs (*H. Guillou*). — Cet appareil comporte un piston avec ressort additionnel baignant dans l'huile, dont le degré de tension, réglable en marche, permet de faire varier dans une certaine mesure la vitesse de la machine ; la sensibilité peut être modifiée en marche moyennant l'étranglement du canal qui relie les deux faces du piston (fig. 55).

Régulateurs inversés. Dans ces appareils un lourd contrepoids tend a ramener les boules a la position de fermeture de l'admission : la figure 45 montre le régulateur de Buss à boules inversées rappelées l'une contre l'autre par deux contrepoids inférieurs. L'action se fait, aussi directement que possible sur une **vanne équilibrée.** Il faut remarquer que, dans cet appareil comme dans le mécanisme représenté figure 48, l'action des boules se fait par une **queue coudée** à angle droit, ce qui rend le déplacement proportionnel au *cosinus de l'angle* que fait la tige portant la boule avec l'axe de rotation conformément à la théorie faite précédemment.

La figure 46 est le *régulateur indirect Steinb*, de construction allemande ; les bielles sont croisées pour augmenter l'isochronisme et le contrepoids attaque alternativement deux embrayages coniques transmettant le mouvement à l'admission par des pignons d'angle ; le réglage en hauteur se fait par une douille filetée : il y a la une imitation du régulateur compensateur de Farcot. Ces régulateurs sont énergiques et très sensibles.

Régulateurs horizontaux à ressorts. — Le plus connu de ces appareils est le régulateur *Hartung*, représenté figure 56 : deux poids PP glissent librement sur un axe horizontal entraîné par l'axe vertical de rotation. N'étant pas soumis à l'action de la pesanteur, ces deux poids s'écarteraient au maximum s'ils n'étaient pas retenus par de forts ressorts travaillant à la compression, qui équilibrent à chaque instant la force centrifuge.

Ce dispositif permet un déplacement très rapide des masses PP à la moindre variation de la vitesse en employant des poids bien moindres que pour le régulateur à boules.

La figure 56 est le régulateur d'un moteur a gaz *Bollinckx*, et la figure 57 celui d'une machine à vapeur Sulzer de construction récente : le réglage de la tension des ressorts, se fait par les écrous coniques apparents sur la circonférence du carter enfermant les masses et les ressorts ; la transmission à l'organe d'admission a lieu par deux leviers coudés, que l'on voit figure 57.

Soit p le poids d'une des masses centrifuges,

R l'effort nécessaire pour comprimer l'un des ressorts,

P le poids du manchon,

L la longueur du bras du levier coudé relié à la masse pesante,

l la longueur du bras de ce levier attaquant le manchon,

α l'angle du bras de levier L avec la verticale,

ω la vitesse angulaire au centre de gravité d'une des masses pesantes et r son rayon de rotation.

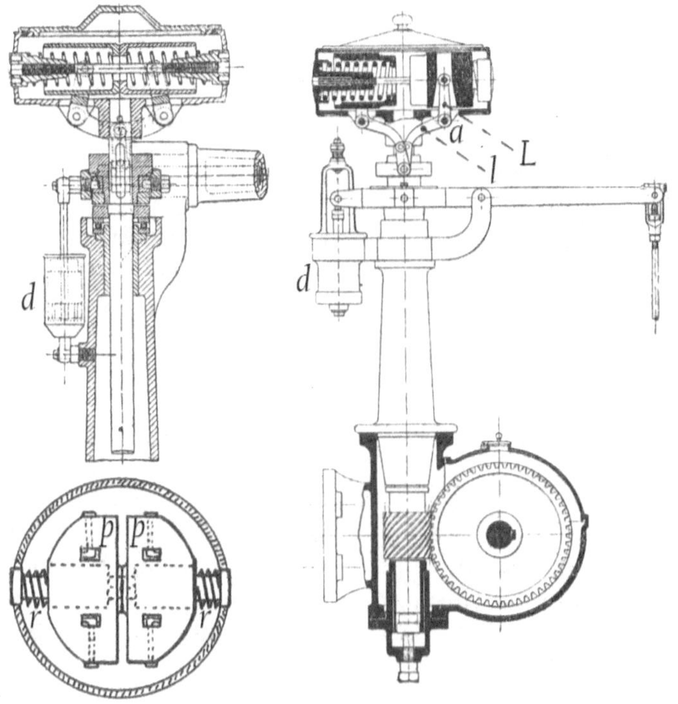

Fig. 56 et 57. -Régulateur Hartung.

g = 9,81 ; l'équilibre du régulateur Hartung s'écrira :

$$\frac{\omega^2}{g} = \frac{1}{r}\left(\frac{R}{p} \pm \text{tg}\alpha + \left(\frac{P}{2p} \times \frac{l}{L}\right)\right)$$

tant que l'articulation du levier L avec la masse pesante est entre l'axe et la verticale passant par le pivot a du levier L on emploie le signe — pour tg α ; dans le cas contraire on emploie le signe + (voir fig. 57).

Régulateurs dans le volant. — Sur les moteurs à grande vitesse on emploie généralement des masses centrifuges fixées dans l'intérieur d'une poulie ou sur les bras du volant. La figure 58 montre schématiquement le régulateur d'un moteur agricole ou d'un moteur de camion automobile : les deux boules *bb* sont rappelées l'une vers l'autre par un ou deux ressorts à boudin *rr* et articulées, au travers de la toile du volant sur des leviers coudés *ed* qui actionnent la douille *c* agissant sur l'admission de gaz. La

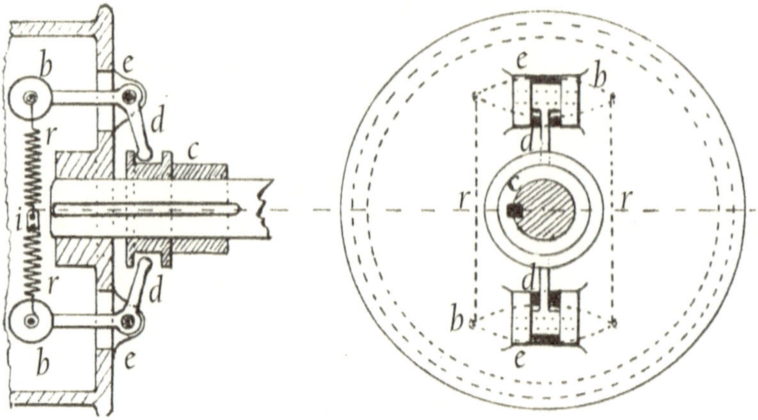

Fig. 58. - Régulateur à boules dans un volant.

figure 59 représente un moteur Japy muni d'un régulateur de ce genre par *tout ou rien* sur la soupape d'admission de gaz ; dans le cas des moteurs de véhicules où le conducteur doit pouvoir faire varier à volonté la vitesse, un ressort ou levier antagoniste dit **accélérateur**, peut agir sur la douille *d* pour empêcher l'action des boules centrifuges.

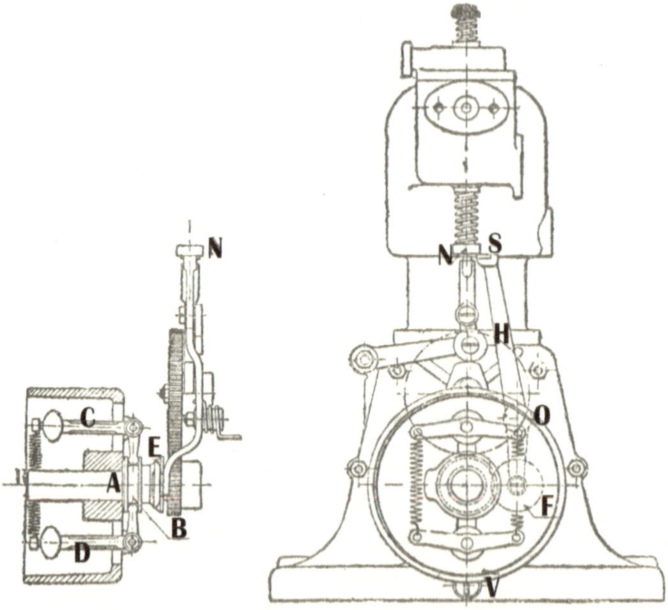

Fig. 59. - Régulateur Japy, dans le volant.

Les anciens moteurs à gaz *Dawson* avaient un régulateur dans le volant, représenté par la figure 60 : une masse P articulée en *a* sur la toile ou un bras du volant V, est prolongée par un collier *c* : quand la force centrifuge agit sur P, le collier *b* tend à devenir concentrique à l'arbre du moteur et alors il ne déplace plus le galet *g* entraînant la tige *t* qui commande l'admission de gaz. Un fort ressort *r* réglable par l'écrou *e* rappelle la masse P.

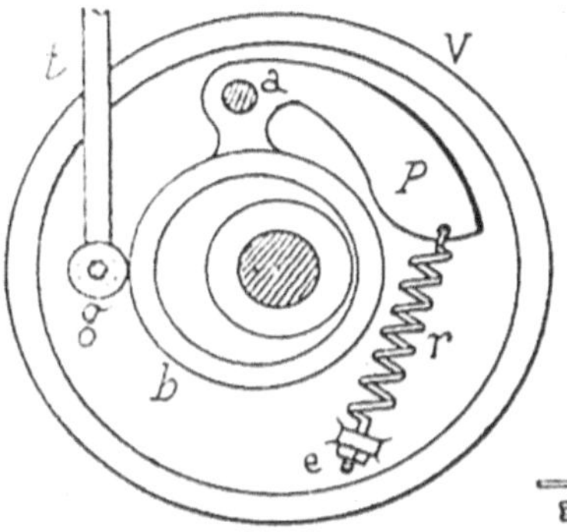

Fig. 60. - Régulateur Dawson dans un volant.

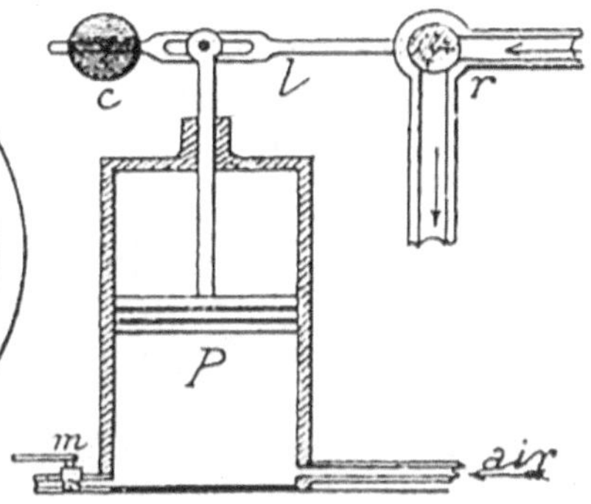

Fig. 61. - Régulateur à pression et dépression

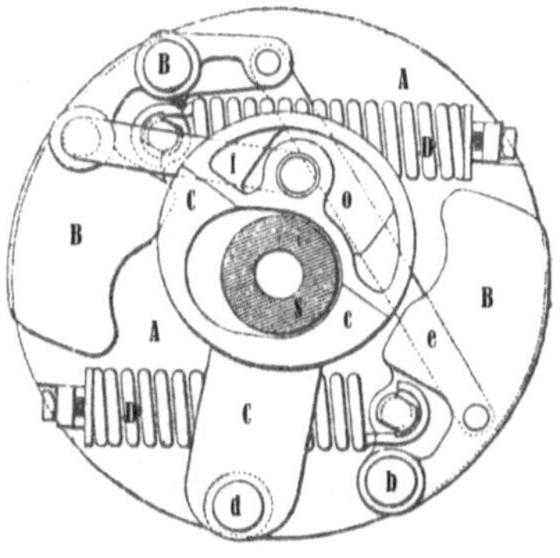

Fig. 62. - Régulateur Westinghouse.

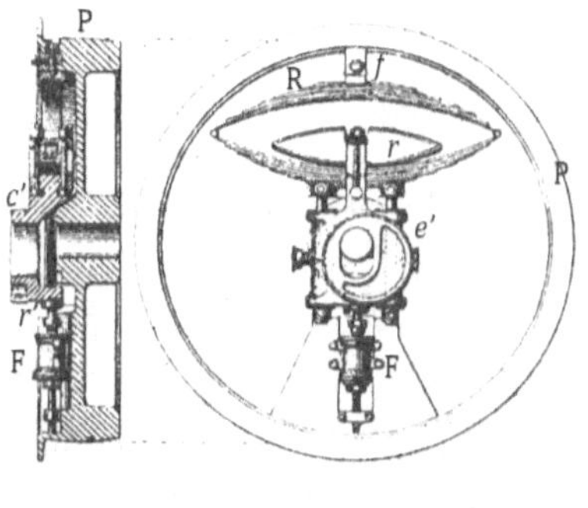

Fig. 63. - Régulateur Garnier et Faure-Beaulieu

Le volant V doit, naturellement, être équilibré par un contrepoids opposé à la masse P.

La *Société Westinghouse* a depuis très longtemps employé les régulateurs dans le volant pour les machines à vapeur et les moteurs à gaz à grande vitesse (300 à 500 tours par minute). La figure 62 montre un des premiers dispositifs créés par cette maison : deux masses BB articulées en *bb* et rappelées par des ressorts à boudin agissent *directement sur l'excentrique* de distribution d'une machine à vapeur : quand les masses BB s'écartent, elles tendent à rendre l'excentrique C concentrique à l'arbre de la machine, donc à annuler le mouvement de la distribution de vapeur.

La figure 63 fait voir un mécanisme du même genre appliqué à une machine à vapeur verticale *Garnier et Faure-Beaulieu de Paris* (150 chevaux 250 t./m.).

Le poids *r* est rappelé par un ressort à lames à pincettes R qui entraîne directement l'excentrique : la simplicité de ce mécanisme, ne comportant *aucune articulation* est très remarquable ; la même firme a employé un dispositif à trois ressorts à pincettes répartis tout autour du volant, équilibrant ce dernier (Voir Armengaud, *Vignole des Mécaniciens*, p. 703).

Pompe à huile dite Dash-pot. — Les régulateurs dans lesquels l'action centrifuge n'est équilibrée que par des ressorts sont plus sensibles que ceux soumis à la pesanteur et la rapidité des réactions des ressorts tend à les faire osciller, ce que l'on empêche par un **piston à trou** se mouvant à frottement doux dans un petit cylindre plein d'huile : c'est en somme un **frein à huile** dit **Dash-pot** que l'on voit sur les figures 56 et 57 en d et figure 63 en F.

Régulateurs à pression et dépression. — La figure 61 représente élémentairement un de ces appareils : un piston P se meut à *frottement doux* dans un cylindre recevant de l'air (ou un liquide) pompé par la machine qu'il s'agit de régler. Un orifice *m*, muni d'un robinet de réglage, permet la sortie constante du fluide comprimé. Un équilibre, modifiable par un contrepoids C et par l'ouverture plus ou moins grande de l'orifice *m*, s'établit entre la pression sous le piston P et la charge de ce piston qui commande le levier *l* et la vanne d'admission du fluide-moteur *r*.

Si l'allure du moteur s'accélère ou ralentit, l'équilibre est rompu parce que la pompe qui envoie le fluide comprimé en *a* va plus ou moins vite ; le piston P monte ou descend et règle ainsi la vanne d'admission *r*.

Ces régulateurs sont très sensibles, mais ils ont l'inconvénient d'employer une certaine énergie appréciable, de nécessiter un mécanisme compliqué, enfin de subir plus ou moins l'influence des variations de température.

Pour éviter le frottement du piston P contre les parois du cylindre, on peut le remplacer par un diaphragme élastique dans le genre de ceux employés dans les pompes à diaphragme ou dans les antipulsateurs des moteurs à gaz (*Voir volumes XVIII et XIX*).

Les régulateurs à pression sont applicables aux pompes pour en limiter le débit lorsque la pression normale est dépassée ; la figure 64 représente un de ces appareils commandant une vanne équilibrée, pour l'alimentation d'une pompe à vapeur : dans le cylindre B est un piston soumis d'une part à l'action d'un ressort à boudin réglable en tension par les volants H et, d'autre part, à la pression de la pompe par le tube C. Quand la pression dépasse une limite donnée dans la tuyauterie de la pompe, le piston s'abaisse dans le cylindre B et ferme la vanne de vapeur qui se rouvre automatiquement lorsque la pression diminue dans la conduite de refoulement.

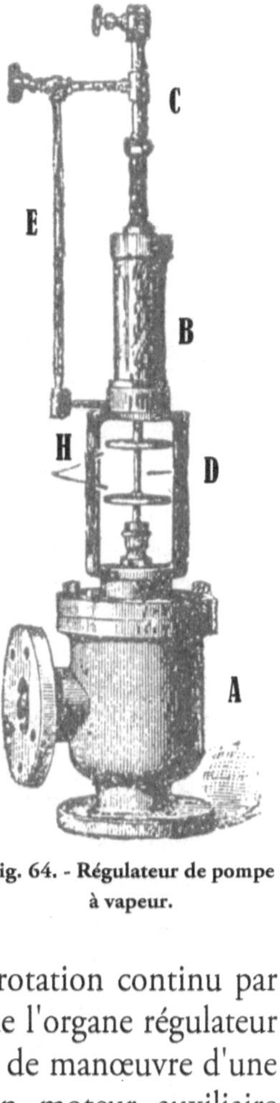

Fig. 64. - Régulateur de pompe à vapeur.

M. Grosselin, de Paris, nous communique, dans cet ordre d'idées, le fonctionnement du régulateur C. D. des *usines Hotchkiss* ; dans cet appareil, un arbre est animé d'un mouvement de rotation continu par une force extérieure quelconque ; le rôle de l'organe régulateur se borne à **embrayer** sur cet arbre l'organe de manœuvre d'une vanne, d'un registre de ventilation, d'un moteur auxiliaire électrique ou autre : la force nécessaire à mettre en action l'organe de manœuvre n'est pas fournie par le régulateur, mais par l'arbre en rotation continue : elle peut, donc être aussi importante qu'on le désire. Par exemple une variation de 50 grammes dans la pression de la vapeur d'une chaudière suffit à embrayer l'arbre en mouvement avec l'organe de manœuvre d'un registre de ventilateur du foyer.

L'organe régulateur est, suivant les cas, un tube Bourdon, un diaphragme, un flotteur ou un piston : l'embrayage se fait par un cliquet venant en prise avec une roue à rochets, c'est-à-dire qu'il n'exige qu'une force très minime.

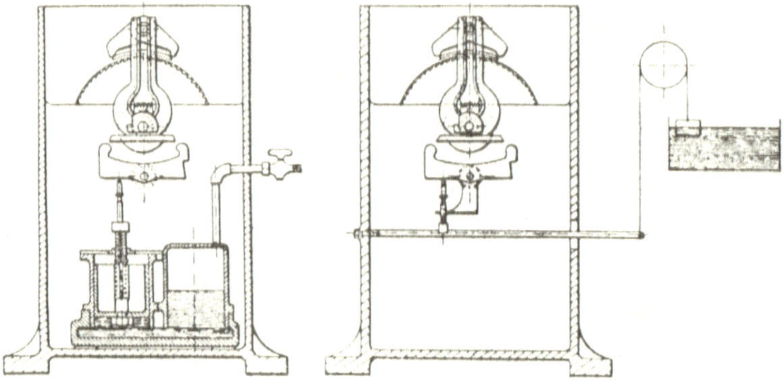

Fig. 65. - Régulateurs Hotchkiss-Grosselin.

La figure 65 montre le principe de cet intéressant dispositif.

Le champ d'applications de ce régulateur automatique est considérable ; en voici quelques exemples :

- Réglage automatique de la vitesse des appareils commandés par moteurs électriques ou à vapeur et destinés à passer de l'air ou des liquides ;
- Réglage automatique de la vitesse des ventilateurs destinés au tirage forcé, équilibré, aspiré, induit :
- Contrôle automatique des registres de passage d'air, des registres de fumées des chaudières et des fours ;
- Contrôle automatique des vannes ou robinets de souffleries de vapeur ;
- Contrôle automatique des appareils de séchage par la vapeur ;
- Contrôle automatique de la température des pulpes, des bains en fusion, etc..., par la manœuvre opportune d'organes appropriés, etc ...

CHAPITRE IV

INDICATEURS DE NIVEAU D'EAU ET LIQUIDES DIVERS

Les réservoirs et récipients ouverts à l'air libre sont munis d'un tube de niveau, figure 66, dont l'extrémité supérieure reste en communication avec l'atmosphère ; on la recouvre d'un **chapeau à orifices latéraux** pour empêcher l'introduction des poussières et corps étrangers dans le tube ; ce procédé est appliqué aux filtres à huile et aux réservoirs de faible capacité, mais il a contre lui la fragilité du tube de verre.

66 67

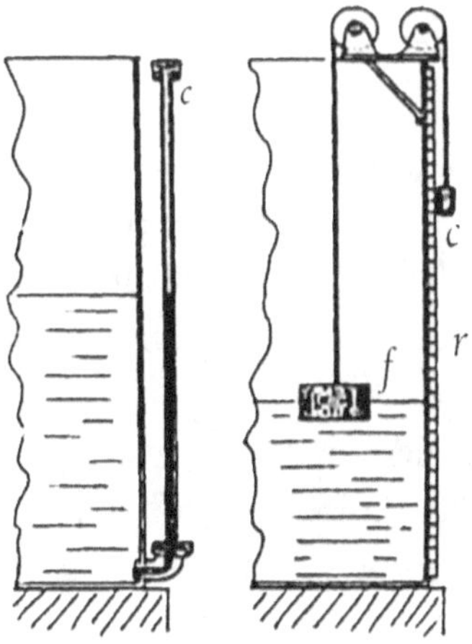

Fig. 66 et 67. - Indicateurs de niveau pour réservoirs.

68 69

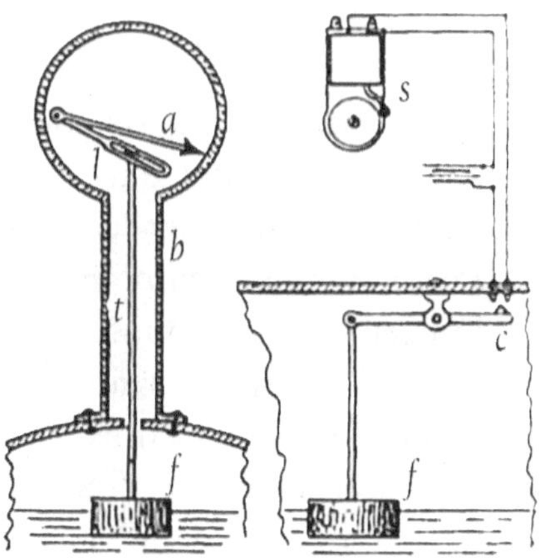

Fig. 68 et 69. - Indicateurs à flotteurs pour chaudières

Dans les grands réservoirs, on le remplace par un **flotteur** avec **contrepoids** indiquant sur une **échelle graduée** *r* la hauteur du liquide, comme le montre la figure 67. Le flotteur est en métal creux (zinc) ou simplement fait d'un morceau de madrier de sapin ou de chêne ; on doit mettre des poulies d'assez grand diamètre, 0 m. 10 environ, pour que le système soit sensible et de bon fonctionnement (poulies en cuivre sur axes en bronze, **non oxydables**).

Quand l'appareil doit indiquer le niveau du liquide d'un récipient **sous pression**, chaudière à vapeur, autoclave etc., le **tube de niveau** doit être, par en haut, en communication avec la chaudière.

70 71 72 73 74

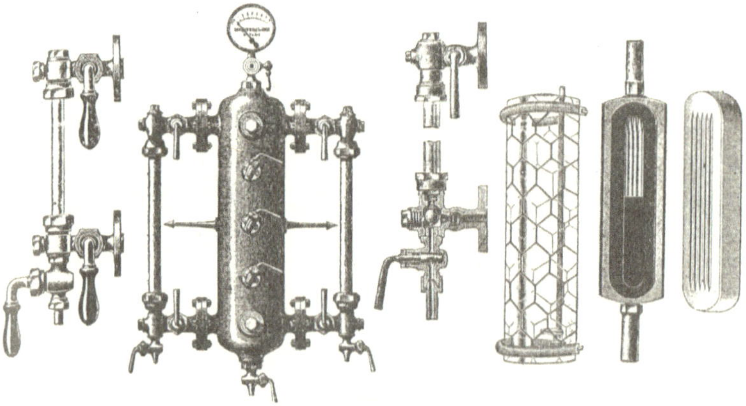

Fig. 70 à 74. - Tubes de niveau d'eau pour chaudières.

La figure 70 montre le tube ordinaire pour basses pressions (moins de 10 kilos); il est serré, sur des bagues de caoutchouc, entre deux montures en bronze munies chacune d'un **robinet d'arrêt** et en bas d'un robinet de purge.

La figure 71 est le **niveau à bouteille** en fonte avec un ou deux tubes de niveau et trois **robinets de jauge** permettant de vérifier le niveau de l'eau en cas de rupture du tube de verre.

Pour empêcher la fuite violente de la vapeur si le tube de verre se casse, on munit chaque moulure d'une bille qui forme obturateur de sûreté, figure 72. La présence de celte bille de sûreté est surtout nécessaire quand la pression dépasse 4 kilos.

La figure 73 montre un **protecteur en verre armé** pour entourer le tube de niveau. On fait aussi des **gaines métalliques** avec une fente, pour entourer le tube : mais ces protecteurs gênent la visibilité du niveau de l'eau.

L'appareil représenté par la figure 74 est bien meilleur que le tube en verre si fragile, et ne se brise pour ainsi dire jamais, étant composé d'une boite en bronze et d'une épaisse glace en cristal serrée par des vis sur un joint d'amiante ; le niveau de l'eau apparaît *en noir*, comme on le voit sur notre gravure. Cette boite de bronze se met exactement à la place du tube de verre, entre les montures figures 70 à 72 ; il faut, en la commandant, indiquer le diamètre et la longueur du tube en verre qu'elle doit remplacer.

La fragilité des appareils en verre a fait chercher des indicateurs de niveau plus solides, tels sont les **indicateurs à flotteur** et les **indicateurs électriques.**

L'*appareil Gerkinet* très connu en Belgique est schématiquement représenté figure 68 : un flotteur placé dans la chaudière agit sur une tringle et un levier entièrement enfermés dans une boîte métallique, seul l'axe traverse la paroi pour porter une aiguille indicatrice ; deux sifflets à sons différents indiquent l'un le manque d'eau, l'autre l'excès d'eau.

L'*appareil Hébert* est conçu dans le même esprit.

L'*appareil Carpentier* se compose d'un flotteur agissant sur un rhéostat dont les fils sont reliés à une source électrique actionnant un indicateur ou un enregistreur.

Indicateur à cadran. — Dans cet appareil représenté figure 75, le flotteur est articulé au bout d'un bras pivotant autour d'un axe qui entraîne une aiguille indiquant sur un cadran convenablement gradué le niveau du liquide dans le réservoir ; on peut augmenter le déplacement de l'aiguille par l'adjonction d'un engrenage multiplicateur.

Indicateur Handy. — Cet ingénieux dispositif qui peut fonctionner à une distance quelconque du réservoir est mentionné par MM. *Mestre et Blatgé* : il se compose, comme le montre la figure 76, des organes très simples suivants : A, tube en verre. — B, échelle graduée. — C, pompe. — D, tuyau de communication. — H, réservoir. - K, tube en métal. — L, tuyau refoulant l'air. — MN, dénivellation, dans le manomètre. — O, hauteur de liquide dans le réservoir. — R, pétrole, eau ou mercure.

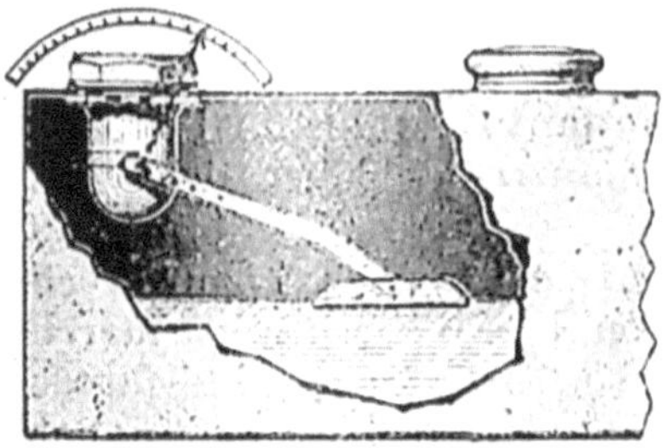

Fig. 75. - Indicateur à flotteur.

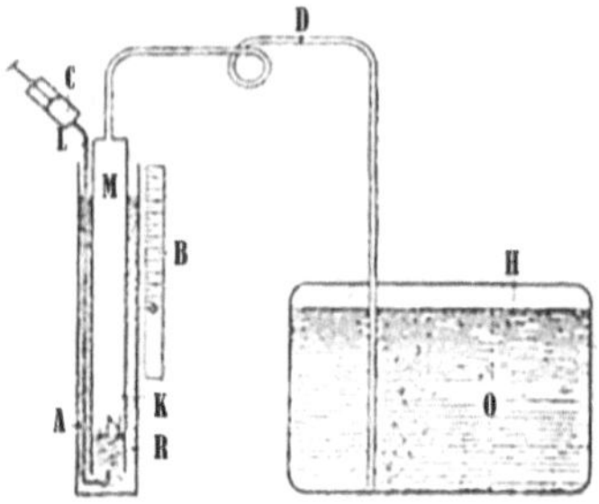

Fig. 76. - Indicateur Handy à pression d'air.

Une quantité d'air indéterminée est introduite dans l'appareil, par la pompe C ; dès qu'elle est en excès, elle s'échappe par l'extrémité du tube plongeant dans le réservoir.

Pour que cet air puisse s'échapper, il faut naturellement que sa pression ait atteint exactement celle qui correspond à la hauteur du liquide dans le réservoir, et c'est précisément cette pression qui sera indiquée par le manomètre.

Cet indicateur, placé bien en vue à un endroit quelconque, rend compte exactement du contenu du réservoir.

En mettant du mercure dans le tube A et en faisant en fer le tube K, pour que le mercure ne l'attaque pas, la dimension du tube A est d'environ un douzième de la hauteur du réservoir. Si le liquide contenu dans le tube A a la même densité que celui du réservoir, le tube A doit avoir la même hauteur que le réservoir.

La hauteur d'une division de l'échelle graduée B correspond à une hauteur double du liquide dans le réservoir.

Un **flotteur** peut être installé dans une chaudière de manière à actionner un **sifflet d'alarme** ou à fermer un **circuit électrique** sur une sonnerie extérieure ou sur un **servo-moteur** mettant en marche l'appareil d'alimentation ; la figure 69 montre le schéma de l'installation de ce flotteur.

Un dispositif du même genre est employé pour avertir qu'un réservoir est plein et qu'il faut arrêter la marche de la pompe ;

on emploie aussi, dans ce cas, le flotteur pour couper le courant du moteur électrique actionnant la pompe et pour manœuvrer *automatiquement* le rhéostat de démarrage de ce moteur quand le réservoir est vide ; nous reviendrons sur cette question au volume sur les Pompes.

Voir au chapitre *Manomètres* l'emploi de cet appareil pour indiquer le niveau de l'eau dans les réservoirs.

CHAPITRE V

MESURES DES PRESSIONS
MANOMÈTRES

La mesure des pressions des fluides comprimés se fait en comparant ces pressions à la **pression atmosphérique**. Celle-ci est variable selon l'état de l'atmosphère terrestre ; elle a pour valeur moyenne la *hauteur d'une cotonne verticale d'eau de 10 mètres 33 centimètres*, équivalente à une hauteur de mercure de 76 centimètres ; ces hauteurs sont proportionnelles aux *densités respectives* de l'eau et du mercure : 1 et 13,6.

La pression atmosphérique égale à 1,033, est légèrement supérieure à 1 kilogramme par centimètre carré qui correspondrait à une cotonne d'eau de 10 mètres de hauteur ; dans la pratique industrielle on prend pour base cette pression d'un kilogramme par centimètre carré.

Les manomètres mesurent en réalité la différence entre la pression du fluide comprimé et celle de l'atmosphère : quand le manomètre indique zéro, c'est que la pression du fluide est égale à celle de l'atmosphère, c'est-à-dire environ un kilogramme ; quand il indique 10 kilos, la pression du fluide est en réalité de 11 kilos sur lesquels la pression atmosphérique équilibre 1 kilogramme : sur cette **pression absolue** de 11 kilos, la **pression effective utile** est donc de 10 kilos, chiffre indiqué par le manomètre.

Cette pression utile ou effective est seule à considérer pour la résistance des récipients qui subissent *extérieurement* la pression atmosphérique.

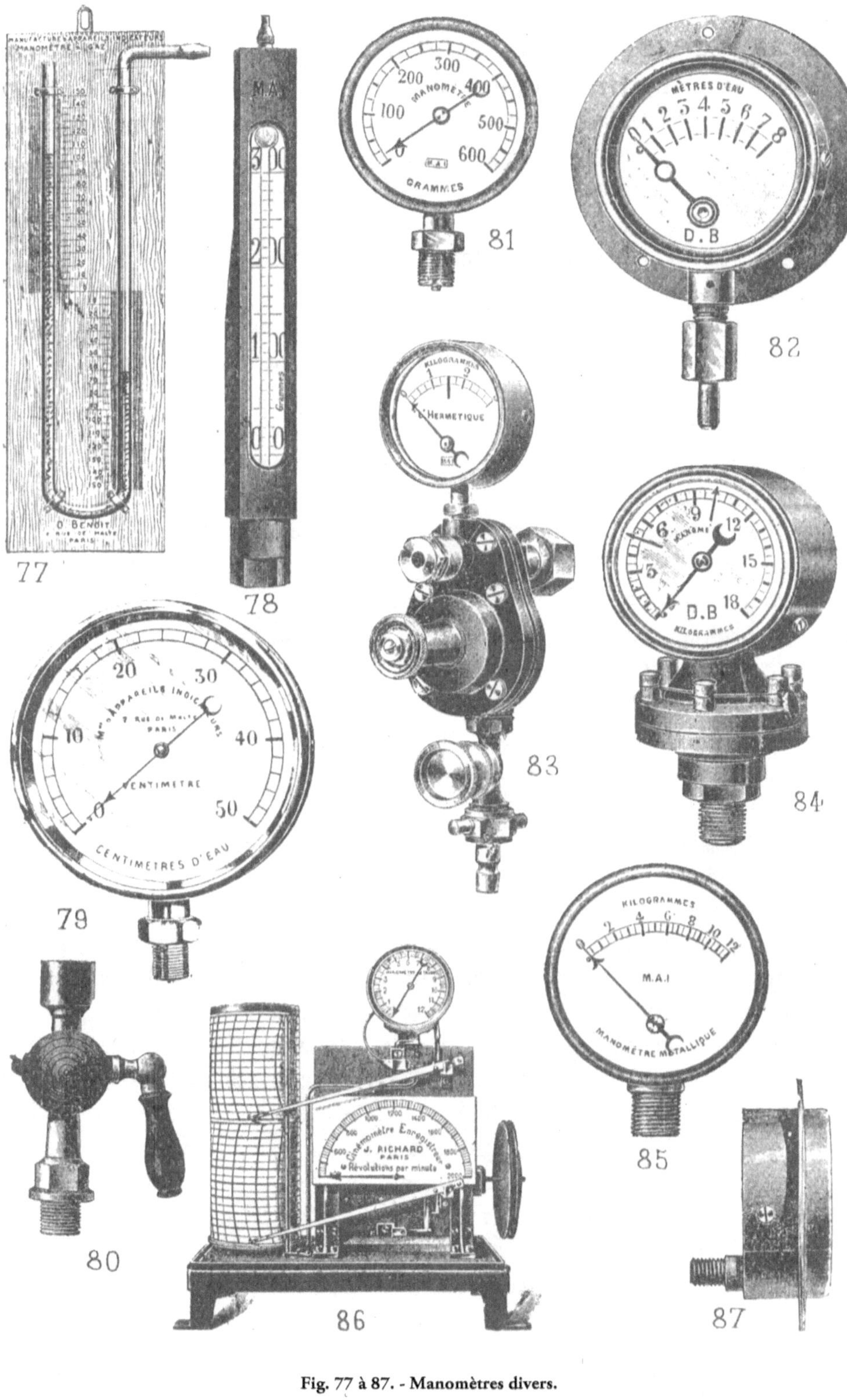

Fig. 77 à 87. - Manomètres divers.

Manomètres à liquide. — La **pression du gaz d'éclairage** dans ses canalisations se mesure avec un **manomètre à eau**, figure 77, constitué par un tube de verre en forme d'U contenant de l'eau ; en *additionnant* les chiffres indiqués par les deux graduations de l'appareil, on a la pression en *millimètres d'eau* c'est-à-dire *en décigrammes* (environ). Sur la figure 77, la pression indiquée est de 105 + 61= 166 décigrammes = 16 grammes 6. Cet appareil est donc extrêmement sensible.

En remplaçant l'eau par du mercure, chaque millimètre indiquerait *136 centigrammes*, ce qui, dans le cas ci-dessus, donnerait 136 + 166 = 22576 = 225 grammes 76.

Un appareil de ce genre avec des branches de 0 m. 80 de longueur, au mercure, permettrait de mesurer jusqu'à un kilo de pression.

Le **manomètre à mercure** représenté figure 78 est basé sur le même principe ; c'est un manomètre à *air libre* surtout employé pour le *chauffage à vapeur à basse pression.*

L'appareil figure 77 peut servir aussi d'**indicateur de vide** de grande précision, en le garnissant de mercure ; pour un **condenseur de machine à vapeur** les branches de cet appareil ne doivent pas avoir moins de 0 m. 75 de longueur, la dépression s'approchant d'une atmosphère.

Les Manomètres à *mercure, à air comprimé,* sont seulement employés dans les laboratoires ; ils sont décrits dans les Traités de Physique.

Pour mesurer les **très hautes pressions**, on a employé un manomètre à mercure basé sur le principe de la presse hydraulique, et représenté schématiquement par la figure 91; le fluide sous pression agit en P sur un piston de petit diamètre appuyant sur un autre piston G, de très grand diamètre ; le manomètre M mesure la pression du mercure sous ce grand piston.

Il suffit de multiplier la pression indiquée au manomètre par le rapport S/*s* des surfaces des pistons pour obtenir la pression du fluide en P ; si, par exemple, le tube P a une section d'un centimètre carré et le piston G une surface de 1.000 centimètres carrés, soit environ 32 centimètres de diamètre, une cotonne de mercure de 76 centimètres en M indiquera une pression de 1.000 kilogrammes par centimètre carré en P.

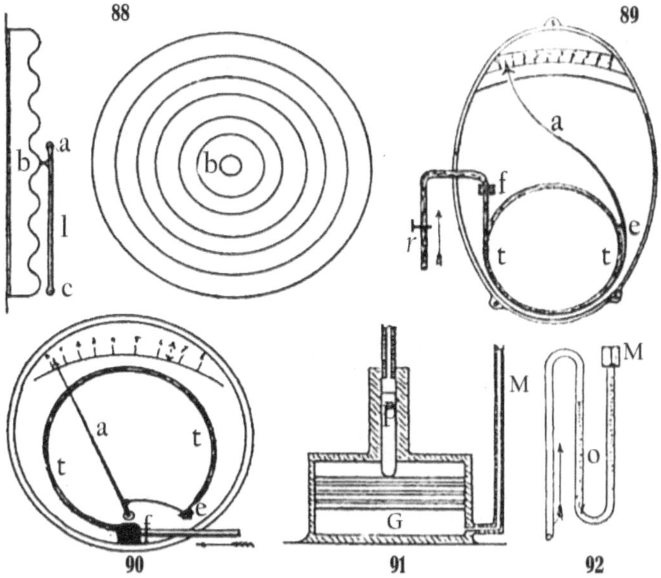

Fig. 88 à 92. - Manomètres.

M. Desgoffe et M. Amagat ont perfectionné ces manomètres dont on trouvera les détails de construction dans le *Traité de Physique de Ganot* ; on a pu mesurer avec ces appareils des pressions de 3.000 kilogrammes par centimètre carré pour des expériences sur les gaz permanents.

Manomètres métalliques. — M. Hourdon eut le premier l'idée d'utiliser la déformation que subit un *tube cintré* sous l'influence de la pression pour mesurer celle-ci. La figure 89 montre le principe du manomètre métallique Bourdon ; un tube *tt* est contourné en spirale un tour et demi ; sa section est rectangulaire ou en forme d'ellipse allongée ; il est généralement en laiton étiré très élastique.

Lorsque cette spirale subit intérieurement la pression du fluide, ce tube, fixé rigidement en *f* se déforme et entraîne une aiguille *a* qui le prolonge à son extrémité *e* ; la graduation se fait *par comparaison* avec un manomètre à mercure.

La figure 90 montre une variante de cette conception, qui est employée dans la plupart des manomètres industriels : le tube *tt* fixé à la boite de l'appareil par une de ses extrémités fait seulement une circonférence et l'aiguille *a* est entraînée par une petite tige articulée munie d'un écrou de réglage *r* ; cette aiguille multiplie suffisamment le déplacement du point *c* sur la graduation de l'appareil.

Il importe absolument de ne pas exposer le tube manométrique *tt* à la chaleur de la vapeur en pression, aussi faut-il donner au tube d'adduction de vapeur une forme en U ou **siphon** représentée figure 92. Ce tube doit être rempli d'eau froide au moment du montage ; il reste ainsi toujours plein d'eau en *o* et le tube manométrique reste froid.

L'excès de chaleur ou la gelée peuvent déformer ledit tube et rendre inexactes les indications du manomètre, ce qui peut aussi arriver par l'usage et la fatigue du métal ; on doit donc vérifier de temps à autre, avec un manomètre étalon, la justesse des manomètres métalliques.

La figure 80 montre un robinet spécial pour manomètre métallique ; il est pourvu d'une *bride* ronde sur laquelle se fixe instantanément le manomètre étalon de contrôle.

La *sensibilité* d'un manomètre métallique doit être appropriée à la pression maxima qu'il doit indiquer; les gravures ci-jointes en montrent différents types construits par *M. Benoit, à Paris.*

Figure 79. **Ventimètre**, pour mesurer la pression des ventilateurs, en centimètres d'eau ;

Figures 81 et 82. Manomètres gradués en grammes ou en mètres d'eau pour pressions de moins d'une atmosphère ;

Figures 84 et 85. Manomètres pour chaudières à vapeur. On fait des manomètres métalliques mesurant jusqu'à 500 kilos de pression.

La figure 87 représente, vu de profil, un manomètre avec arrivée de pression par derrière, employé sur les voitures automobiles pour indiquer la circulation de l'huile.

Pour la mesure des *très basses pressions*, on emploie aussi le dispositif inventé par *Vidie* pour les baromètres dits **anéroïdes** et représenté figure 88 : une boite plate ronde avec un **fond ondulé** en métal mince, *b*, reçoit intérieurement le fluide sous pression ; un levier *l* articulé en *a* multiplie le déplacement du centre de la boite et le transmet à l'aiguille indicatrice par un mécanisme approprié.

Indicateurs de vide. — Employés pour le contrôle des **condenseurs**, des **machines frigorifiques**, des **canalisations en dépression d'air**, ces appareils sont construits comme les manomètres métalliques ordinaires mais leur zéro correspond au vide absolu dans le tube manométrique.

Mano-détendeurs. — Employés pour mettre en service les bouteilles d'acier contenant les gaz liquéfiés ou fortement comprimés : acétylène, acide carbonique, oxygène et hydrogène liquides, etc. La figure 83 montre un de ces appareils comprenant une **boîte de détente** du gaz surmontée d'un petit manomètre qui indique la pression d'utilisation que l'on règle en ouvrant plus ou moins le pointeau de départ du gaz.

Repères. — Sur la graduation du manomètre on trace en rouge une barre ou flèche indiquant la pression qu'il ne faut pas dépasser (fig. 84 et 90).

Manomètre indicateur de niveau d'eau. — *M. Bourdon, à Paris*, construit un appareil représenté figure 93 destiné à indiquer le niveau de l'eau dans un réservoir : une cloche descendue dans le fond du réservoir est en communication par un tube avec un manomètre gradué en mètres d'eau.

Fig. 93. Manomètre indicateur de niveau.

Manomètres enregistreurs. — Très employés pour le contrôle dans les chaufferies importantes, ces appareils tracent sur un disque de papier ou sur un cylindre recouvert d'une feuille de papier quadrillé, mû par un mouvement d'horlogerie.

On voit un de ces manomètres enregistreurs, à disque de papier, figure 94.

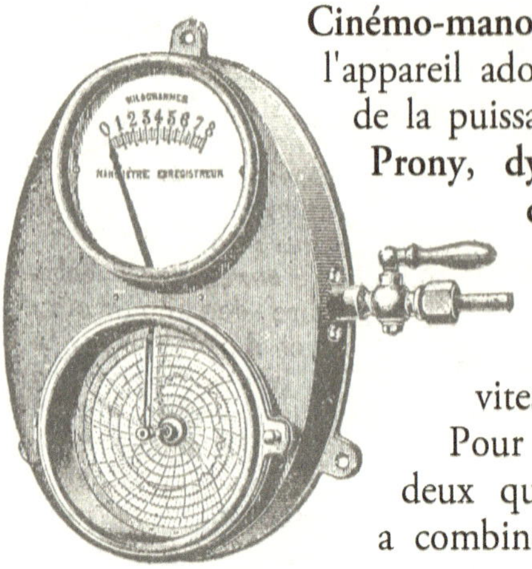

Fig. 94. - Manomètre enregistreur à disque.

Cinémo-manomètre. — Quel que soit l'appareil adopté pour la détermination de la puissance des moteurs, **frein de Prony, dynamomètre de rotation, dynamo-frein,** on est toujours ramené, en fin de compte, à la mesure d'une force et à celle d'une vitesse.

Pour évaluer simultanément ces deux quantités, *M. Jules Richard* a combiné un **enregistreur double, cinémo-manomètre**, qui, avec un **dynamomètre**, permet de les enregistrer et de connaître leurs variations simultanées, figure 86.

Le *manomètre enregistreur* écrit la **pression**, c'est-à-dire le nombre de kilogrammes correspondant a l'effort tangenciel développé par la courroie, et, sur le même cylindre, le *cinémomètre enregistreur* inscrit la vitesse de cette courroie en mètres par seconde. Il suffit donc de multiplier les deux ordonnées correspondantes pour avoir la puissance en kilogrammètres par seconde. (Voir *volume* I : *Dynamomètres.*)

Thermo-manomètre. — On a essayé de remplacer le manomètre **indicateur de pression** par un thermomètre indiquant la température de la vapeur saturée contenue dans la chaudière. Ce thermomètre reçoit une graduation indiquant la pression correspondant à la température de la vapeur.

Le thermo-manomètre peut servir de contrôle au manomètre, mais il ne constitue qu'un indicateur peu sensible et qui a le grand défaut de ne pas déceler instantanément les brusques variations de pression, chose que le manomètre fait fort bien. Le thermo-manomètre ne peut donc pas remplacer le manomètre ordinaire.

CHAPITRE VI

PURGEURS D'EAU ET D'AIR

Purgeurs d'eau condensée. — Quand on envoie la vapeur dans une canalisation froide il se produit une abondante condensation d'eau que l'on évacue généralement par un petit robinet placé au point bas de la canalisation. Quand les tuyaux sont réchauffés, la condensation se produit lentement mais n'en persiste pas moins, surtout dans les longues conduites de vapeur comme celles pour le chauffage central, pour le chauffage des trains de chemins de fer, pour le chauffage des cylindres, sécheurs, etc.

Il faut donc disposer, aux *points bas* de ces canalisations, des **purgeurs automatiques d'eau condensée**, car la présence de cette eau empêche la circulation de la vapeur et produit des **coups de bélier** qui peuvent être assez forts pour crever les tuyaux.

Le plus ancien de ces appareils est le **purgeur Heintz** basé sur *l'extension d'un* **tube** recourbé en C (fig. 95), contenant un **liquide volatil** qui acquiert une tension de vapeur considérable sous une élévation assez faible de température.

Quand la vapeur remplit la boîte en fonte contenant ce tube, il s'étend et ferme la soupape-pointeau ; lorsque l'eau de condensation remplit la boîte et se refroidit, le tube se rétracte, la vapeur chasse l'eau et le clapet se ferme de nouveau. Cet appareil a l'inconvénient de laisser souvent fuir la vapeur.

Les **purgeurs à flotteur** sont d'un fonctionnement plus certain ; la figure 96 montre un flotteur on forme de seau *f* qui se remplit d'eau, entraîne le pointeau de fermeture avec l'extérieur, et la vapeur chasse l'eau par le tube central ; une fois vide, le flotteur ferme le pointeau.

Dimensions des purgeurs automatiques Heintz à employer :

Pour une surface de condensation de : mq	**20**	**30**	**40**	**60**	**100**	**150**
Nombre de litres d'eau purgée par heure	**35**	**60**	**90**	**150**	**200**	**300**
Diamètre des orifices d'entrée et de sortie m/m	**10**	**12**	**15**	**20**	**25**	**30**
Diamètre du passage au clapet	**8**	**10**	**12**	**16**	**20**	**25**
Pour une surface de condensation de : mq	**300**	**500**	**1000**	**1500**	**1800**	
Nombre de litres d'eau purgée par heure	**100**	**600**	**750**	**1200**	**1600**	
Diamètre des orifices d'entrée et de sortie m/m	**35**	**45**	**50**	**60**	**70**	
Diamètre du passage au clapet	**30**	**35**	**40**	**50**	**60**	

Dans la figure 97 on voit un flotteur *f* étanche qui agit sur une soupape qu'il maintient fermée quand la boîte est vide d'eau.

Enfin, la figure 98 montre le **purgeur Sigma** qui repose sur le principe du **joint en labyrinthe** : des ailettes, portées par une tige

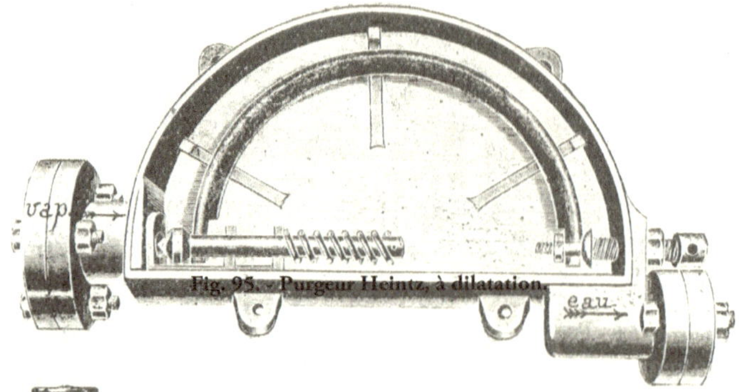

Fig. 95. - Purgeur Heintz, à dilatation.

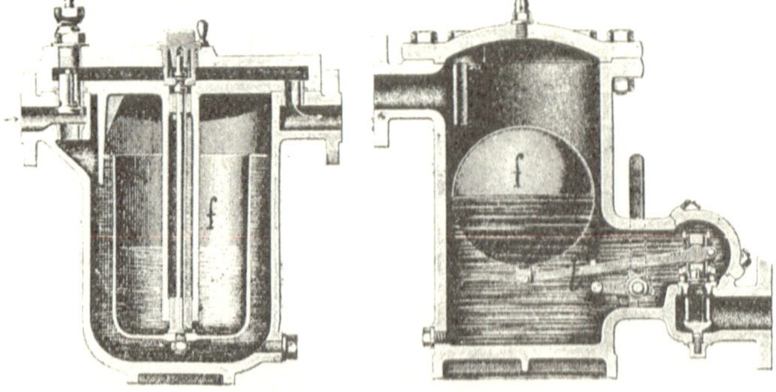

Fig. 96 et 97. - Purgeurs à flotteur.

réglable, s'engagent dans un canal tronconique qu'elles ferment *presque hermétiquement* : l'eau condensée passe entre la paroi et les ailettes, mais la vapeur, contrariée par le labyrinthe, ne fuit pas.

98

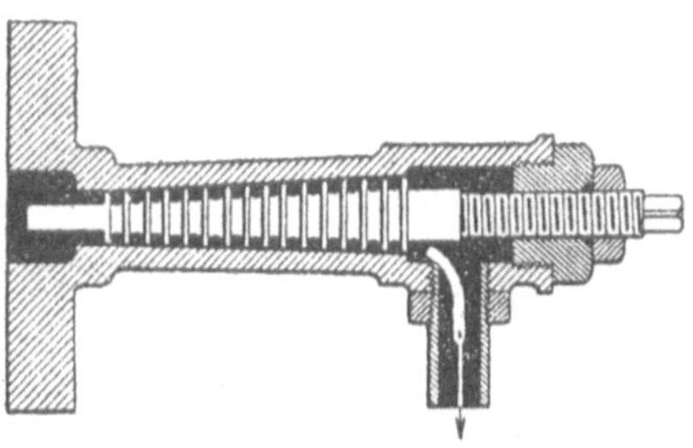

99 100

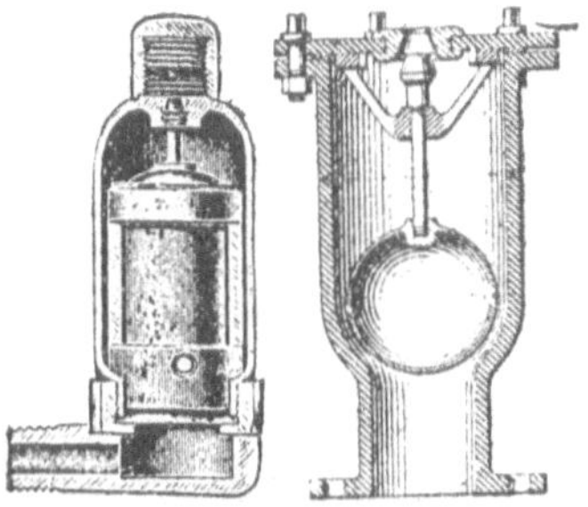

Fig. 98. - Purgeur à labyrinthe.

Fig. 99 et 100. - Ventouses ou purgeurs d'air.

Purgeurs d'air ou ventouses. Dans certaines canalisations d'eau il faut absolument, éviter la présence de l'air ; on dispose pour cela un purgeur d'air, appelé aussi **ventouse**, au point haut de la canalisation. Ce purgeur est le plus souvent constitué par un flotteur commandant un pointeau qui ferme un orifice lorsque le flotteur est soulevé par l'eau et qui l'ouvre s'il y a accumulation d'air autour du flotteur (fig. 100).

D'autres procédés ont été employés; par exemple celui représenté (fig. 99) : une cloche en métal mince contient un liquide volatil qui dilate la cloche, laquelle ferme l'orifice à pointeau quand l'eau chaude ou la vapeur entourent l'appareil ; si c'est de l'air froid, l'orifice s'ouvre.

La ventouse à flotteur est d'un fonctionnement plus certain.

CHAPITRE VII

COMPTEURS DE VITESSE ET DE TOURS
TACHYMÈTRES ET TACHYGRAPHES

Les **tachymètres** sont des indicateurs de vitesse et de régime de marche des machines et de leur synchronisme ; leurs indications sont *instantanées*.

Ces appareils ont leur application dans tous les cas où les vitesses, soit angulaires soit linéaires, doivent être constamment observées : sur les machines à vapeur à grande vitesse, turbo-moteurs, moteurs à explosion, pompes centrifuges ; pour la marche en parallèle des alternateurs, pour la vitesse des ascenseurs, élévateurs, transporteurs ; des courroies et des câbles, des locomotives, automotrices, automobiles, etc.

Les ateliers de fabrication mécanique (machines-outils), les filatures et tissages, les papeteries, les usines hydrauliques (réglage des turbines), doivent pourvoir leurs machines et leurs transmissions d'appareils d'observation pour obtenir une production régulière et un rendement maximum.

Les **Tachygraphes** sont la combinaison d'un tachymètre et d'un **système enregistreur.** Les vitesses atteintes et les variations de vitesse indiquées par l'aiguille sont tracées au moment même sur l'enregistreur, bande de papier ou disque. Les diagrammes ainsi obtenus relatent les différentes phases de la marche de la machine considérée : arrêts, accélérations, ralentissements ; ils permettent de se rendre compte de son travail et de s'y reporter ultérieurement.

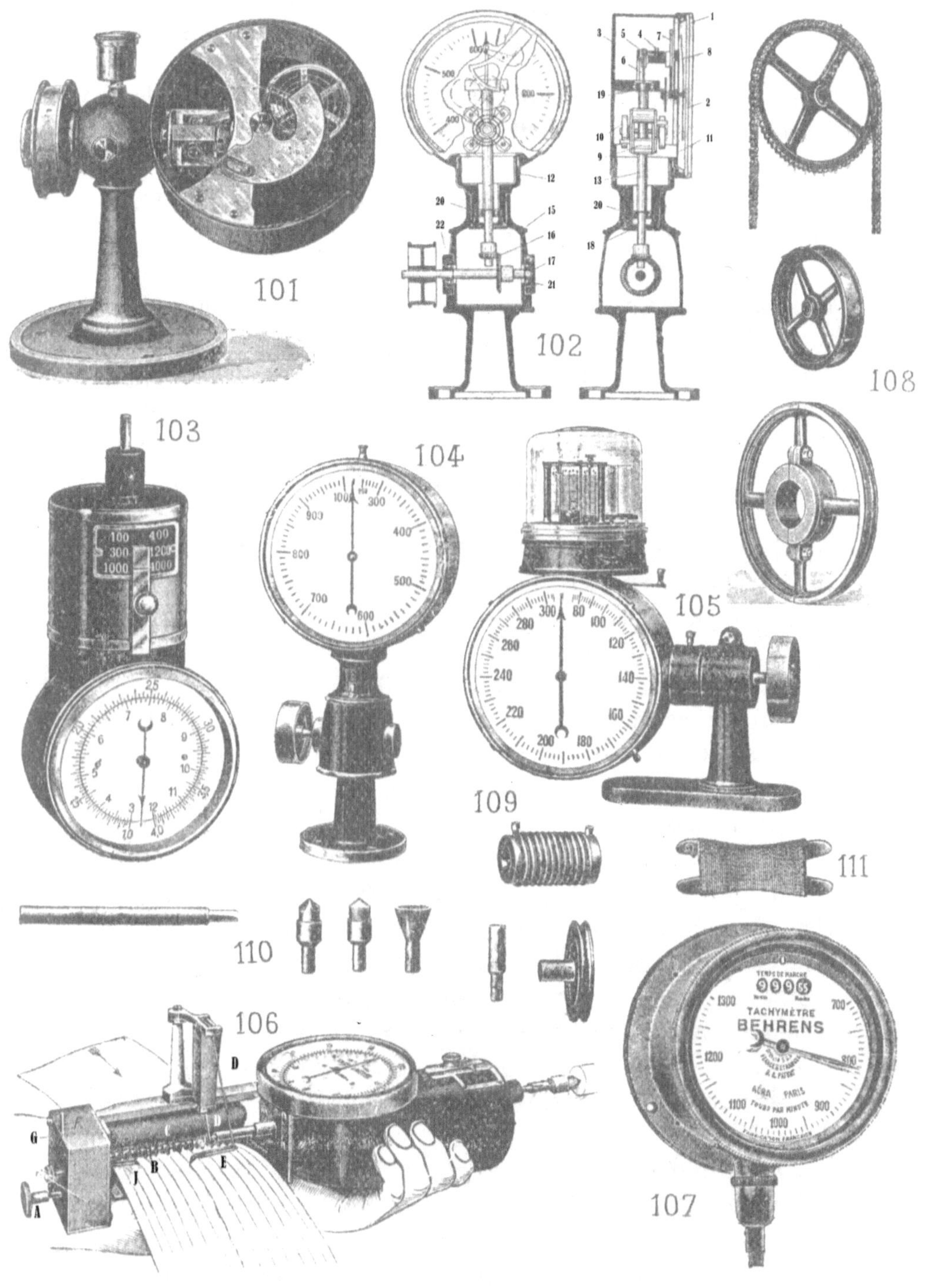

Fig. 101 à 111. - Tachymètres divers.

101. Vue intérieure d'un tachymètre à 2 pendule centrifuges. 102. Détails du tachymètre Darras à 4 pendules. - 103. Tachymètre à main à changement de vitesse -104. Tachymètre à poste fixe, commande par courroie. - 105. Tachygraphe Darras, commande par courroie. - 106. Tachygraphe portatif Jaquet. - 107. Tachymètre à différentiel Behrens avec compteur horaire. - 108. Chaîne et poulies de commande. - 109. Accouplement par ressort à boudin. - 110. Rallonge, pointeaux, cône et roulette pour tachymétres à main. - 111. Cordon pour commande par poulie à gorge.

Le diagramme sur disque est employé par un contrôle journalier, celui sur bande convient sur les observations temporaires.

Les constructeurs de Tachymètres mettent à profit les principes suivants pour la réalisation de leurs appareils.

1° La **force centrifuge** : un petit système de deux boules ou masses, rappelées par un ressort, est animé d'un mouvement de rotation proportionnel à celui de la machine à contrôler ; une aiguille indique sur un cadran la position du manchon soumis à l'action des boules ; la figure 101 montre le mécanisme d'un de ces appareils (*MM. Glaenzer et Perreaud*) ; on voit les deux pendules rectangulaires faisant l'office des boules centrifuges.

La figure 106 est le Tachygraphe portatif Jaquet (*MM. Lévy et Cie*) indiquant la vitesse sur le cadran gradué et l'enregistrant sur une bande de papier au moyen d'un crayon commandé par l'appareil centrifuge.

M. Darras emploie un pendule à masses cylindriques et bielles croisées, rappelées par un ressort (fig. 102 et 105, *tachygraphes Darras*). Le tachymètre à main (fig. 103), a un mécanisme de changement de vitesse que l'on déplace selon que la vitesse moyenne de la machine, est comprise entre l'une ou l'autre des limites indiquées sur le boîtier de l'appareil.

Un indicateur de vitesse utilisant l'action de la force centrifuge sur un liquide peut être construit comme le montre élémentairement la figure 112 : un récipient en verre composé d'un cylindre central C et de deux branches circonférentielles *bb* tourne avec l'axe *a* et contient un liquide qui, au repos, se met au même niveau *h* dans les trois vases communiquants. Si l'on fait tourner l'axe *a*, le liquide monte dans les branches *bb* et baisse dans le vase *c* ; une graduation convenablement faite indique la vitesse de rotation.

2" **Un différentiel.** — Si nous considérons un mécanisme différentiel (fig. 113) et que l'armature supportant les **pignons satellites** *ss* soit rappelée par un ressort convenablement choisi, la masse des satellites entraînée par la rotation de l'arbre *a* tendra le ressort et prendra une position en rapport avec la vitesse de cet arbre *a*. Une aiguille, reliée à l'armature des satellites

112

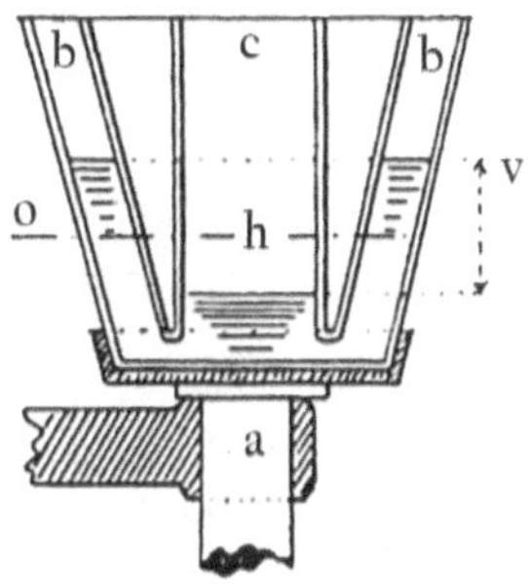

113

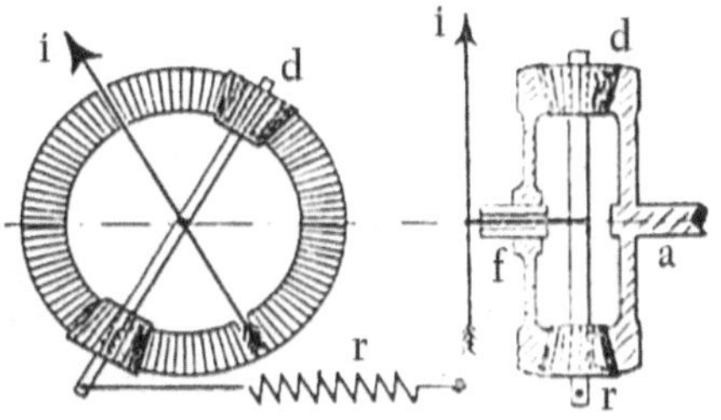

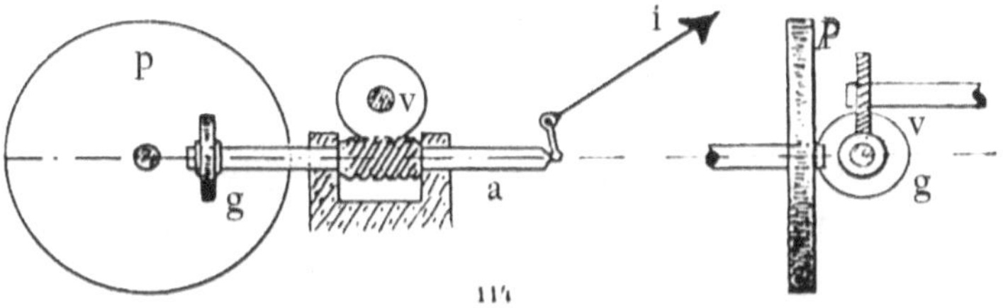

114

Fig. 112. - Tachymètre à liquide.

Fig. 113. - Tachymètre différentiel.

Fig. 114. - Tachymètre différentiel J. Richard.

par un mécanisme approprié, indiquera ces positions sur un cadran ou, avec un style, sur une feuille de papier se déroulant proportionnellement au temps.

Ce mécanisme qui est, en petit, celui du dynamomètre différentiel (voir Vol. I), est très robuste, indépendant de la pesanteur et de la température ; mais son exactitude dépend de l'état des roulements et des engrenages qui doivent être entretenus avec de l'huile très fine de vaseline.

Le Cinémomètre de M. Jules Richard repose sur un autre principe différentiel (fig. 114) : un plateau P est animé par un mouvement d'horlogerie d'une vitesse constante de rotation ; un galet *g* est entraîné par *friction* sur ce plateau et son axe *a* coulisse librement dans un pignon à vis sans fin entraîné par l'arbre *v* dont il s'agit d'apprécier la vitesse : il est évident que le galet *g* tend naturellement à prendre sur le plateau P une position telle que la vitesse que lui communique ce plateau soit égale à celle qu'il reçoit de l'arbre *v* par la vis sans fin. La position longitudinale de l'axe *a* varie donc proportionnellement à la vitesse de l'arbre *a* : elle est indiquée, amplifiée, par l'aiguille *i* ou par un enregistreur représenté figure 86.

3° **L'induction électrique**. — Si, dans le champ magnétique d'un aimant ayant *une force magnétisante constante*, on fait tourner un induit bobiné, la force électro-motrice du courant produit sera proportionnelle au nombre de tours de cet induit. Un voltmètre très sensible gradué en tours par minute indiquera ainsi la vitesse de rotation. La figure 107 montre un **tachymètre électro-magnétique** commandé par un flexible.

L'indicateur de vitesse A.T. utilise les courants de Foucault de la même façon que les meilleurs instruments de mesures électriques :

Un aimant permanent, animé d'un mouvement de rotation, fonction de la vitesse à mesurer, crée un champ magnétique tournant dans lequel est plongée une cloche en aluminium qui est entraînée par induction et forme système indicateur portant l'aiguille. Un ressort spiral taré s'opposant à la rotation de ce système, celui-ci prend aussitôt une position d'équilibre correspondant rigoureusement à la vitesse.

Cet appareil très simple et léger est surtout employé sur les voitures automobiles.

Compte-tours. — Ces appareils servent a mesurer avec le concours d'une montre à secondes le nombre de tours d'un arbre de machine. Leur mécanisme est une simple minuterie composée de disques dont l'un entraîne l'autre dans les rapports de 1 à 10 ou 1 à 100. Les figures 115 et 116 en montrent un modèle à cadrans et un modèle à chiffres. (*Voir volume I*). Les figures 120 et 121 sont des compte-tours pour machines commandés par toc ou biellette.

Dynamomètres. — Voir le volume I où nous avons décrit ces appareils destinés à mesurer la puissance des machines ou les efforts de traction et de compression .

Anémomètre. — Destiné à mesurer la vitesse du vent ou la vitesse d'un aéroplane. Cet appareil se compose d'un tachymètre très sensible muni d'un **moulinet Robinson**, comme le montre la figure 119. (*A. Darras à Paris.*)

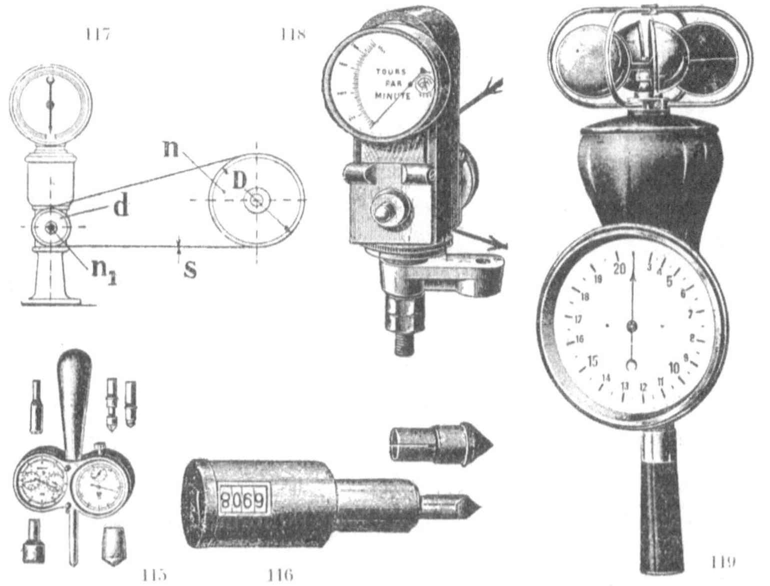

Fig. 115 et 116. - Compteurs de tours.

Fig. 117 et 118. - Tachymètres commandés par courroie.

Fig. 119. - Anémomètre.

Anémomètre « G. Daloz ». — Se compose d'un pendule constitué par une sphère en aluminium qui oscille dans le plan d'un secteur divisé : chaque division donne la vitesse du vent, en mètres par seconde. Ce secteur est monté sur une tige qui traverse le manche de l'appareil supportée, en bas, par un pivot, en haut, par un roulement à billes. L'appareil s'oriente de lui-même dans le vent ; un contrepoids fixé à la tige ramène le centre de gravité de l'ensemble mobile dans l'axe de la tige.

Tachymètres pour mesurer les vitesses linéaires. — Spécialement pour mesurer la vitesse des lames, des chariots de machines, etc., on se sert d'un tachymètre dont l'axe est muni d'un galet de friction. Connaissant le diamètre de ce galet on a instantanément l'indication de la vitesse linéaire.

Installation des Tachymètres. Les tachymètres à poste fixe, figures 117 et 118, sont commandés, selon les cas, par **poulies et courroie en ruban de coton**, ou par **engrenages** droits, coniques ou hélicoïdaux, ou directement par un **toc** ou par un **flexible**.

Il est toujours bon d'interposer un flexible, c'est-à-dire une transmission par ressort à boudin travaillant à la torsion, figure 109, entre l'engrenage ou le toc et l'axe du tachymètre et de disposer un **toc** ou une **baïonnette** permettant le débrayage de cet axe.

Les poulies sont calculées comme il sera dit ci-après ; les engrenages doivent être taillés avec précision et à petit module.

Voici les indications que donne M. A. Darras pour le calcul des poulies :

Les indications du tachymètre seront d'autant plus précises que les diamètres des poulies auront été déterminés aussi exactement que possible, à 1/10 près et en tenant compte de l'épaisseur du ruban = 1 mm.

Si D — est le diamètre de l'arbre ou poulie de commande, figure 117 ;

s — l'épaisseur de la courroie (ruban) ;

$$u = \frac{n \text{ nombre de tours normal de l'arbre de commande.}}{n_1 \text{ nombre de tours moyen de l'arbre du tachymètre.}}$$

Le diamètre *d* de la poulie du tachymètre sera donné par la formule :

$d = [(D + s).u] - s.$

Ex. : — D = 200 mm. — s = 1 mm.

400 = nombre de tours normal de la commande

700 = nombre de tours moyen de l'arbre du tachymètre.

En appliquant la formule ci-dessus, on aura :

$$d = \left((200 + 1) \frac{400}{700} \right) - 1 = 106 \text{ mm. } 2.$$

Le *nombre de tours normal* de l'arbre ou organe de commande est celui prévu par le calcul ou effectué réellement ; c'est l'allure de régime ou vitesse moyenne dans l'unité de temps.

On obtient *le nombre de tours moyen* de l'arbre du tachymètre en ajoutant la vitesse minimum, indiquée au cadran, à la demi-différence des vitesses extrêmes de la graduation. Pour une machine faisant 1.500 tours-minutes, et le tachymètre étant gradué de 500 à 2.000 tours, le nombre de tours moyen sera de 1.250 tours-minute.

Commandes par chaîne. — Dans le cas où l'emplacement ne permet pas d'utiliser une poulie de grand diamètre sur un arbre à faible vitesse, on emploie les commandes par roues et chaînes Galle articulées à doubles rouleaux, qui fonctionnent avec douceur et s'usent peu, même aux grandes vitesses. Elles sont généralement au pas de 1/2 pouce anglais (12^{mm}5), figure 108.

Contrôle de la vitesse des véhicules et du chemin parcouru. — L'installation d'un tachymètre sur les véhicules à grande vitesse est absolument nécessaire, car le conducteur perd facilement la notion de la vitesse et d'autre part, cette notion est le plus souvent faussée par le vent, le brouillard, l'état du terrain et autres causes étrangères au véhicule.

120

121

122

Fig. 120 et 121. - Compteurs de tours. **Fig. 122. - Chronomètre tachymétrique.**

Nous voyons souvent des compte-tours et des tachymètres mis en relation avec les roues motrices ou un arbre de transmission à ces roues : il est impossible d'avoir ainsi la vitesse exacte, car les roues motrices sautillent ou patinent toujours plus ou moins sur le sol : leur vitesse est donc *plus grande* que la vitesse réelle du véhicule. Si l'on veut des indications exactes il faut brancher le tachymètre ou le compteur de tours sur une **roue**

porteuse non motrice, par exemple, sur une roue avant d'une voiture automobile, au moyen d'une transmission **par flexible**, de préférence à une courroie qui patine aussi sur ses poulies.

Les locomotives des chemins de fer sont pourvues d'indicateurs de vitesse et d'enregistreurs à bande de papier. Ces appareils sont généralement mus par l'une des manivelles des roues motrices ce qui, à notre avis, ne donne pas la vitesse exacte, mais une indication supérieure à cette vitesse, dans une proportion qui dépend de l'état d'adhérence du rail.

Chronomètre-Tachymétrique. — C'est une montre avec aiguille **trotteuse** donnant le cinquième de seconde ; en appuyant sur le poussoir P on met en marche la trotteuse, on l'arrête et on la ramène à zéro. Un **compteur de minutes** et un **compteur de secondes** sont dans les deux petits cadrans ; le compteur de minutes porte les chiffres 1. 2. 3 (fig. 122).

La première graduation extérieure sert pour compter les **pulsations** : on compte 50 pulsations et on arrête l'aiguille trotteuse par le poussoir ; la graduation extérieure indique le nombre de pulsations *par minute.*

Les trois autres graduations concentriques indiquent la vitesse du véhicule sur le parcours *d'un kilomètre* : en passant une borne kilométrique on déclenche la trotteuse et on l'arrête en passant la borne kilométrique suivante : si l'aiguille du compteur de minutes est sur 1, on lit la vitesse sur la graduation 60 : si le compteur de minutes est sur 2, on lit sur la graduation 30, et sur la graduation 20 si le compteur de minutes marque 3.

CHAPITRE VIII

SOUPAPES ET CLAPETS

Généralités. — Les clapets sont des obturateurs agissant toujours automatiquement sous l'influence des alternances de pression, d'arrêt ou de dépression du courant fluide ; ils sont caractérisés par une plaque à charnière battant sur un orifice ; on les constitue aussi par un **boulet sphérique**.

Les **soupapes** sont caractérisées par une *tête* obturant l'orifice et une **queue** ou **tige de guidage** ; la soupape peut être *automatique* et ne fonctionner que par la pression du fluide ; ou *commandée*, c'est-à-dire actionnée par un **poussoir**, **levier** ou **came** dépendant de la marche de la machine. Le passage que la soupape offre au fluide doit être au moins égal à la section de la conduite et ne pas changer la direction de la veine en mouvement.

Les soupapes et clapets retombent soit par leur propre poids, quand leur levée est verticale, soit avec l'aide d'un **ressort** à boudin ou à lames, qui rend leur mouvement plus rapide et permet de les faire fonctionner obliquement ou horizontalement.

Pour les soupapes et clapets sans ressorts, on a intérêt à diminuer leur poids tout en les laissant assez lourds pour qu'ils retombent assez vite sur leur siège ; comme ce poids est diminué du poids du liquide dans lequel ils travaillent, il faut que la densité de la matière constituant la soupape ou le clapet, soit de trois fois au moins celle du liquide ; si ces clapets ou soupapes sont en cuir ou caoutchouc, il faut les *charger* d'un poids en bronze ou plomb.

Les soupapes et clapets rappelés par des ressorts doivent avoir une *faible inertie*, c'est-à-dire un faible poids, puisque le ressort sera calculé pour les fermer avec toute la rapidité voulue.

Le fonctionnement d'une **soupape commandée** doit se faire au moment où la veine fluide n'est plus en mouvement, c'est-à-dire exactement à l'instant où le piston propulseur est **au point mort.**

Pour que le **passage ouvert** par une soupape soit égal à celui que présente la section libre du siège il faut que cette levée soit égale au *quart du diamètre* d'un cercle de section équivalente.

On doit *limiter* à cette valeur la levée de la soupape afin qu'elle ait le moins d'espace possible à parcourir pour retomber sur son siège, ce qui évite le bruit de *battement* et fatigue moins l'organe obturateur.

Quand on veut diminuer autant que possible la levée d'une soupape, on augmente son diamètre ou bien on la fait battre sur des **sièges concentriques** qui augmentent considérablement la section de passage du liquide : ceci permet à la soupape de suivre facilement les pulsations d'une pompe à grande vitesse.

Les clapets et soupapes battant sur des **sièges plans** sont préférables à ceux sur **sièges coniques**, ces derniers offrant plus de résistance au passage de la veine fluide et nécessitant une levée plus grande que ceux à sièges plats.

La **surface de portée** de l'obturateur sur son siège doit être calculée de telle sorte que la pression n'excède pas par centimètre carré :

Pour acier sur fonte,	160 kg.
— bronze sur bronze,	140 »
— fonte sur fonte,	90 »
— cuir ou caoutchouc sur métal	30 »

Les **guidages** doivent être *assez longs* pour que la tige de la soupape n'y puisse pas *coincer* ; soit, pour la longueur du guidage, *au moins trois fois* le diamètre de la tige qui doit coulisser très librement, il faut prévoir la *dilatation* de la tige et lui laisser un jeu suffisant à froid. Le métal formant le guidage sera choisi pour que le **grippage** ne soit pas à redouter : la fonte douce est un bon métal pour les conduits de guidage de soupapes.

Les **soupapes automatiques** doivent avoir leur centre de gravité le plus bas possible, ce qui favorise leur tombée sans coincement et d'aplomb sur le siège.

Les **soupapes à cloche** sont celles dans lesquelles le fluide entre par la circonférence du clapet et s'échappe par le centre ; dans les **soupapes tubulaires**, l'arrivée se fait par le centre et l'échappement par la périphérie.

Les **soupapes de sûreté** sont celles qui mettent en communication avec l'atmosphère une chaudière ou un réservoir sous pression dès que l'effet de cette pression sur la soupape dépasse la résistance d'un poids calculé ou d'un ressort taré pour faire équilibre à la pression maxima tolérée.

Les **soupapes équilibrées** sont celles sur lesquelles la pression n'agit que sur des surfaces annulaires ; elles sont donc à deux ou plusieurs sièges, ce qui rend leur étanchéité plus difficile a réaliser.

Pour qu'une soupape soit à pleine ouverture, il faut que la circonférence de son orifice multipliée par la hauteur de levée donne une surface équivalente à la section du tuyau qu'elle commande [(2)].

Nous ne reproduirons pas ici les calculs très compliqués, qui sont dans tous les aide-mémoire d'ingénieurs, sur les soupapes et nous bornerons aux conseils suivants :

Clapets et soupapes automatiques pour gaz ou vapeur : la pression intérieure n'agit réellement à sa valeur sur l'obturateur que lorsque celui-ci est fermé ; dès qu'il se lève *de quelques dixièmes de millimètre* la pression perd une grande partie de son action et la levée ne s'achève pas jusqu'à donner la valeur convenable au passage du fluide. Il faut donc prévoir des obturateurs à *grande circonférence, et faible levée.*

Clapets et soupapes automatiques pour liquides : ici le liquide *incompressible* force l'obturateur à se lever au maximum tant que l'équilibre de pression n'existe pas sur ses deux faces ;

---

(2) Ceci est la confirmation de la règle du *quart du diamètre* donnée plus haut ; on a en effet :

$$\pi D h = \frac{\pi d^2}{4}, \text{ d'où } h = \frac{d}{4},$$

h étant la levée de la soupape, D son diamètre et *d* le diamètre du tuyau desservi.

mais le poids de la soupape ou clapet et la réaction du ressort de rappel s'ajoutent à la pression extérieure pour équilibrer la pression intérieure. On peut donc employer des soupapes à forte levée, moindre diamètre, mais assez légères ou rappelées par des ressorts doux ; dans le cas des grandes vitesses (condenseurs, pompes à pistons, plongeurs etc.) augmenter la surface de l'obturateur et diminuer la levée.

Soupapes commandées. — La hauteur de la levée est automatiquement du maximum prévu, qui sera calculé comme il est dit ci-dessus ; on peut employer des ressorts de rappel plus ou moins énergiques, selon la rapidité de fonctionnement de l'obturateur. Si l'on désire une *marche silencieuse*, il faut augmenter le diamètre de passage et diminuer la hauteur de levée.

Direction du fluide évacué. — À la sortie de la circonférence de l'obturateur, le fluide animé d'une grande vitesse tend à former une *nappe* qu'il faut rassembler et diriger selon la nouvelle direction qu'elle doit prendre ; on y arrive facilement en formant la **boîte de soupape** par des surfaces sphériques, tronconiques ou paraboloïdes dont on verra de nombreux exemples dans les figures ci-après.

Il existe plusieurs centaines de modèles de clapets et soupapes ; nous décrirons ici quelques types caractéristiques.

Clapets à boulets. — Une sphère en métal, fonte ou bronze (fig. 123) repose librement sur un siège tourné et rodé au même rayon de courbure. On fait quelquefois ces boulets en fonte creuse, comme fig. 123 : le noyau en sable mis pour le moulage est retiré par deux trous diamétralement opposés que l'on ferme ensuite par un rivet ou une tige filetée *t*.

Certains constructeurs de pompes recouvrent ces boulets d'une couche de caoutchouc qui a l'inconvénient de se déchirer si la pression est quelque peu élevée ; j'ai personnellement demandé à la Société du Ferodo si elle ne pourrait pas faire des boulets recouverts d'un aggloméré amiante-gommes synthétiques, qui auraient de grands avantages.

La figure 124 montre un bloc de caoutchouc lesté d'un poids en bronze formant clapet au-dessus d'une **crépine** de pompe.

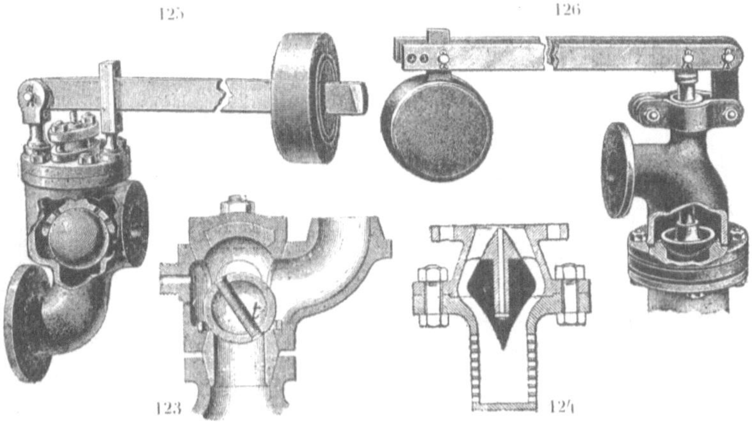

Fig. 123 et 124. - Clapets à boulets. **Fig. 125 et 126. - Clapets de sûreté à boulets.**

Enfin, les figures 125 et 126 sont des **soupapes de sûreté** avec boulet et portion de boulet (*communiquées par M. Gandillon à Senlis*).

Le clapet à boulet est peu coûteux et d'un fonctionnement sûr, surtout pour les liquides chargés de matières solides.

On fait le diamètre du boulet égal à 1.5, le diamètre du siège et le diamètre de la cage égal à deux fois le diamètre du siège ; cette cage ou boîte doit avoir une forme arrondie telle que le boulet retombe normalement sur son siège.

Clapets à charnières. — La figure 127 montre le type classique du clapet en bronze ou fonte à charnière, battant sur un siège plan en fonte ; la figure 128 est un clapet formé d'une lame de **cuir gras** ou de **caoutchouc**, enserrée entre deux plaques de bronze qui chargent le clapet tout en lui donnant la rigidité nécessaire pour supporter la pression.

Dans les **pompes à air** des condenseurs de machines à vapeur on emploie beaucoup ce genre de clapet qui est souvent simplement formé d'une épaisse feuille de caoutchouc (2 ou 3 centimètres d'épaisseur) battant sur une **grille** dont les orifices nombreux et de peu de surface empêchent le caoutchouc de se déformer par la pression.

Les figures 129, 130 et 131 représentent ces dispositifs dans lesquels on a prévu un **butoir d'arrêt** *a* qui limite la flexion de la lame élastique.

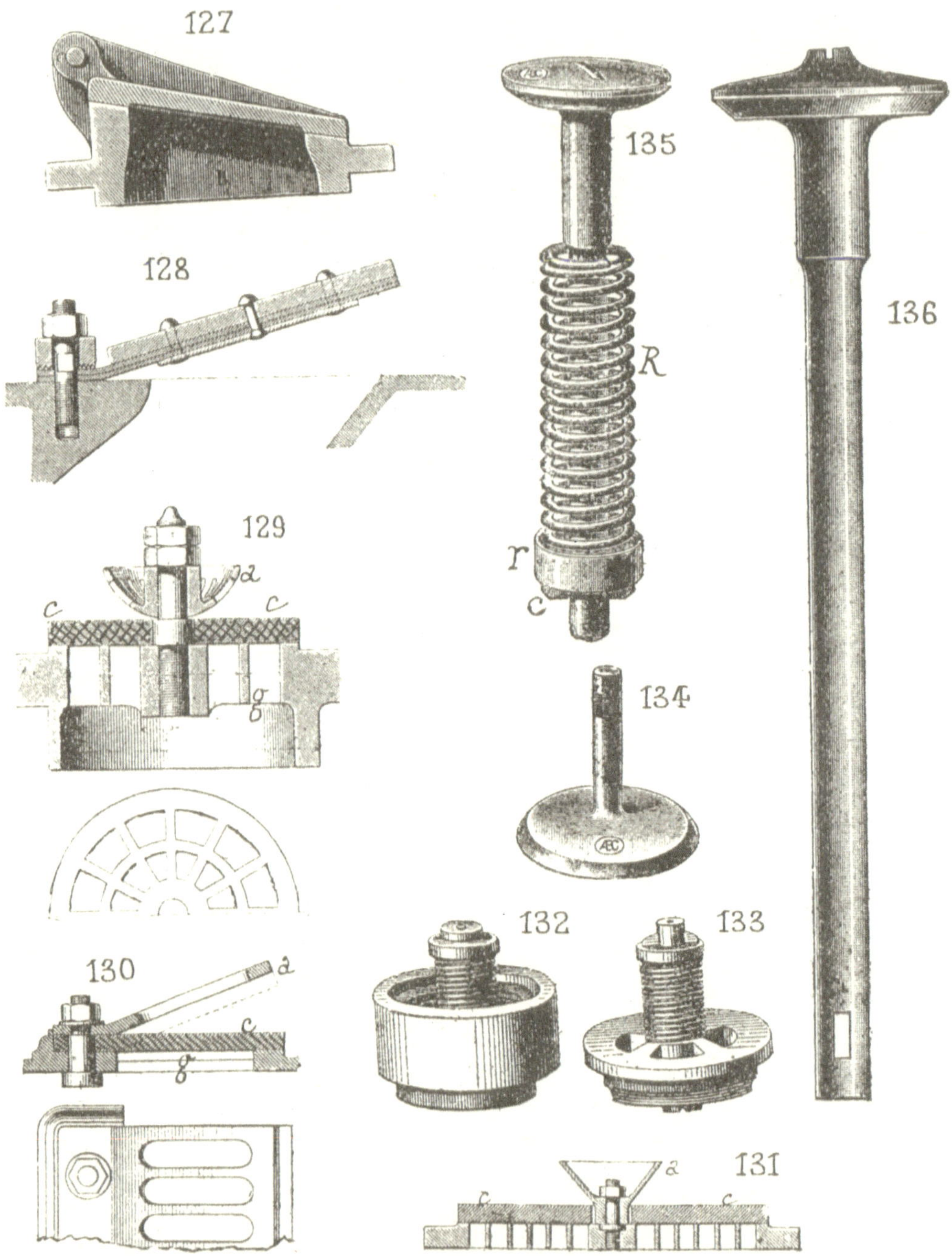

Fig. 127 à 136. - Clapets et soupapes.

La figure 142 montre le **clapet des plombiers** : il est formé d'une feuille de **cuir gras** épais dans lequel on découpe un arc de cercle d'environ les 5 sixièmes de la circonférence, ce qui laisse en R une partie formant charnière ; le clapet est chargé d'un disque de plomb P serré par un boulon *e* ; le cuir est serré entre deux brides *b* et *b'*, cette dernière formant cloche ou **chapelle** pour laisser libre le passage de l'eau ; on met une butée *a* pour limiter la course du clapet.

Crépines à clapet. — La figure 137 montre une crépine arrêtant les matières solides dans une canalisation ; le nettoyage se fait en enlevant la plaque P ; les figures 138 et 139 sont des crépines avec clapet de plombier faits dans le genre de celui fig. 142. La crépine (fig. 139) existe toute faite dans la série des **raccords pour tubes en fer**, filetée au pas normal ou avec bride ; elle est pratique et peu coûteuse.

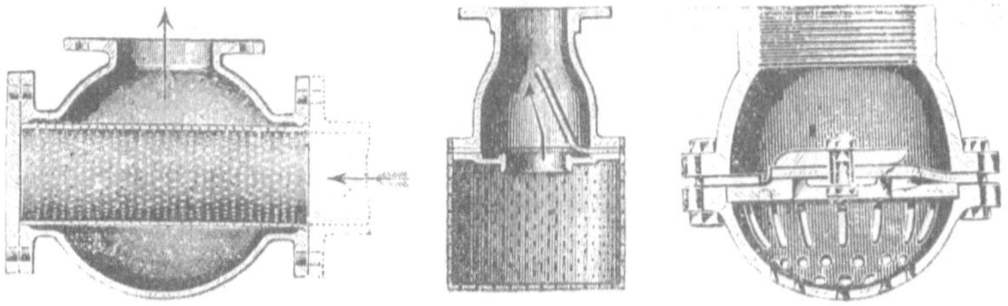

Fig. 137 à 139. - Crépines.

Clapets à lanterne. — Ces clapets se font en bronze à battement conique ou plat ou avec garniture élastique de cuir ou caoutchouc ; ils sont **guidés**, ceux de la figure 140 par trois ou quatre **ailettes**, celui de la figure 141 par une partie cylindrique dans laquelle sont percées des **fenêtres** par lesquelles passe l'eau.

Quelquefois on met l'un au-dessus de l'autre deux clapets de diamètre différent, comme fig. 140 ; cette disposition est employée dans les pompes d'alimentation de chaudières ou pour hautes pressions ; la base du clapet supérieur forme butée pour limiter la course du clapet inférieur ; l'orifice du cylindre de la pompe aspirante et foulante est en *o*, entre les deux clapets. Certains constructeurs mettent un ressort entre les deux clapets et un ressort au-dessus du clapet supérieur.

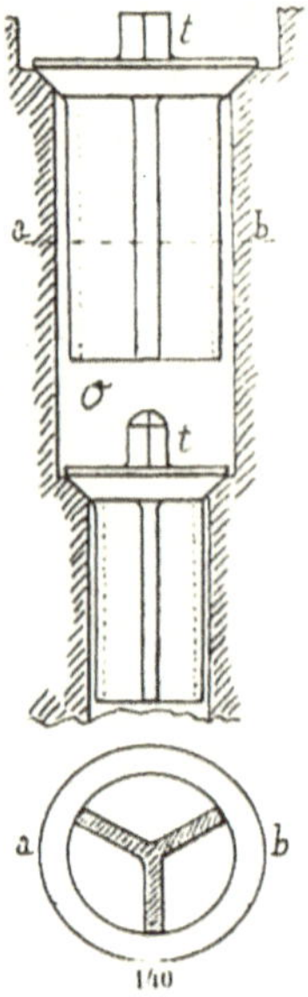

Fig. 140. - Clapet à ailettes.

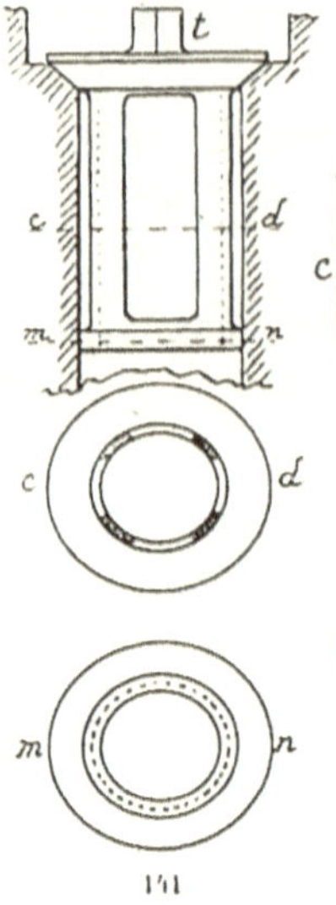

Fig. 141. - Clapet à lanterne.

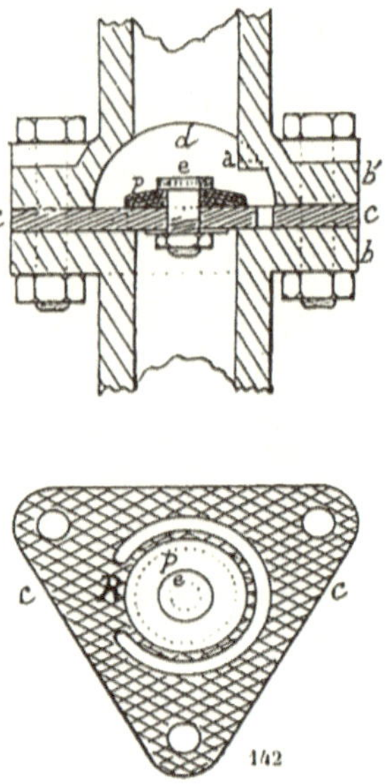

Fig. 142. - Clapet de plombier.

Un **téton** carré surmonte chaque clapet, ce qui permet de les retirer facilement de leur **chapelle** et de les roder sur leurs sièges avec une clef tubulaire carrée.

Clapets de retenue. — Agissent automatiquement pour empêcher le retour en arrière d'un liquide ou d'un gaz sous pression : on les emploie dans les canalisations d'eau, pour soulager les soupapes des pompes, entrées d'eau dans les chaudières et dans beaucoup d'autres cas.

Les figures 143 et 144 montrent des clapets de retenue à **charnières** garnis de cuir gras ou de caoutchouc ; la figure 145 est un **clapet guidé** par une tige centrale et deux conduits ; la figure 146 utilise un **boulet** relativement léger qui se déplace dans un sens ou dans l'autre si la vitesse du liquide devient trop forte, mais ce système ne présente pas une garantie absolue de bon fonctionnement. Les clapets de retenue pour **chaudières à vapeur**, représentés fig. 147 et 148, sont toujours précédés d'un **robinet** ou **vanne d'arrêt** permettant d'isoler la chaudière en cas de mauvais fonctionnement du clapet de retenue ; ou fait ces clapets soit à **lanterne** soit à **tige de guidage** (fig. 145).

Les **clapets de retenue, système Pasquier** (*Muller et Roger*) sont à réglage par **contrepoids extérieur**, figure 149, qui indique par sa position, si le clapet est ouvert ou fermé, ou à réglage par **ressorts extérieurs** figure 150, fermant dans les deux sens et manœuvrant automatiquement un sifflet d'alarme on cas de rupture.

On trouve, dans la série, des **raccords pour tubes en fer**, un clapet de retenue à charnière représenté figure 189.

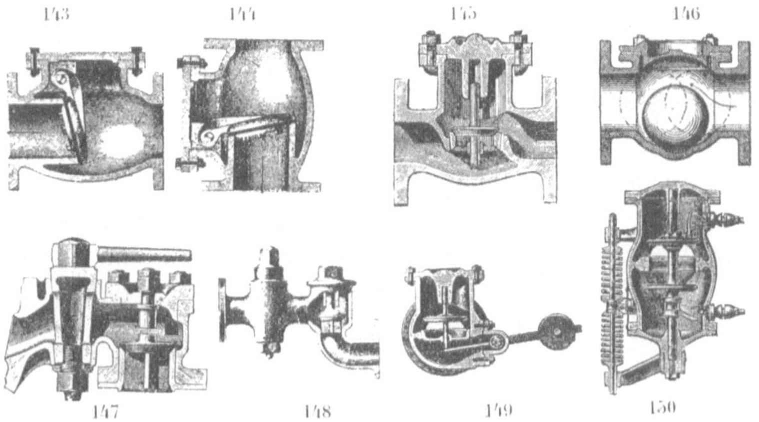

Fig. 143 à 150. - Clapets de retenue.

Soupapes pour moteurs à explosions. — À cause de la haute température qu'elles subissent, ces soupapes se font généralement en **acier au nickel** ; quelquefois, on fait la tête en acier à haute teneur de nickel et on y soude une tige en acier ordinaire à l'autogène, ou rivée et soudée.

Nous avons donné, dans le *Volume II*, la nomenclature des **aciers spéciaux** utilisables pour la fabrication des soupapes des moteurs à combustion interne. Ces soupapes subissent des températures d'environ 900 degrés dans les **moteurs poussés** tels que ceux d'aviation. D'après M. le Colonel Grand, inspecteur général de l'Aéronautique, les aciers à haute teneur en nickel généralement employés ne conviennent pas bien, en raison des grippements qui peuvent se produire ; l'expérience a montré que les aciers à coupe rapide sont trop fragiles à l'action des chocs répétés. Les aciers qui ont le mieux convenu sont ceux au chrome-silicium, avec une composition sensiblement analogue à la suivante : Cr : 12 % : Si : 2,5 % : C : 0,4 % .

Un essai en service de soupapes constituées avec ce métal, sur un moteur Lorraine-Dietrich de 450 CV. a donné un fonctionnement de 50 heures sans le moindre incident et sans qu'on puisse remarquer la plus petite modification soit dans la texture externe polie soit dans la texture interne de la pièce.

Les **soupapes automatiques** représentées figures 132, 133, 134, ne sont appliquées qu'à des moteurs de faible puissance ; le **ressort de rappel** doit être aussi doux que possible, de manière à permettre la levée de la soupape sous la plus faible dépression ; mais, cependant assez fort pour ramener rapidement le clapet, sur son siège ; il doit exercer une pression de 200 grammes par centimètre carré de surface de portée de la soupape sur son siège. Il est préférable de mettre la tête de la soupape en bas.

Les **soupapes commandées** par un **poussoir**, figures 135 et 136, ont la tige percée d'une mortaise recevant une **clavette plate** *c* sur laquelle repose une **rondelle creuse** C supportant la réaction du ressort de rappel R, figure 135.

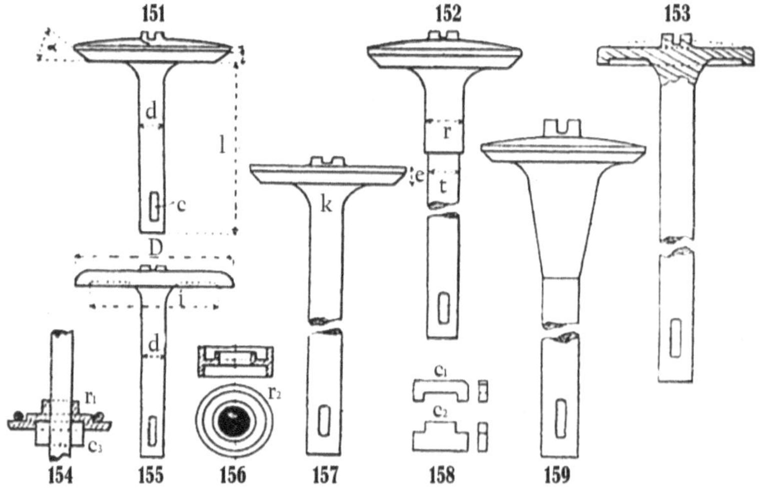

Fig. 151 à 159. - Soupapes de moteurs à explosion.

Fig. 151. Soupape d'admission automatique ; portée conique.
Fig. 155. « « « ; portée plane.
Fig. 157. « commandée ; portée conique, tige ordinaire.
Fig. 152. « « ; « , renfort cylindrique.
Fig. 159. « « ; « , renfort conique.
Fig. 153. « « ; portée plane, (renfort à volonté).

Certains constructeurs emploient un **ressort de traction** accroché à la queue de la soupape et à un point fixe extérieur. Les figures 151 à 159 montrent les différentes formes que l'on donne aux soupapes de moteurs :

Ces soupapes sont employées sur les petits compresseurs d'air (*Voir volume XIV*) .

Le tableau ci-dessous donne les proportions de ces soupapes ; l'*angle des portées coniques* est de 45 degrés.

Diamètre de la tête D		30	35	40	45	50	55	60	65	70
Diamètre de la tige	T	9	10	11	11	12	12	14	15	16
	t	7	8	9	9	10	10	11	12	13
Longueur du renfort de la tige		25	35	35	40	45	50	55	60	65
Longueur totale L		160	170	180	200	220	240	260	280	300
Épaisseur de la tête E		4	5	6	6	7	7	8	9	10

Les figures 154, 156 et 158 montrent quelques formes de clavettes plates et de rondelles profilées, décolletées dans la barre d'acier doux pour le maintien du ressort de rappel travaillant à la compression. La force de ce ressort doit exercer une pression d'au moins 1 kilogramme par centimètre carré de la portée de **la soupape sur son siège** ; d'après *M. Lacoin*, la puissance du ressort, lorsque la soupape est complètement levée, peut être calculée par la formule :

$$R = \frac{0.36\, lP}{1000\, T^2}$$

dans laquelle T est la durée de la fermeture (en secondes),
P le poids des pièces en mouvement,
l la levée en millimètres.

Pour amortir le bruit. M Féron conseille d'interposer entre le poussoir et la tige de la soupape, des rondelles élastiques Belleville ou en fibre vulcanisée.

Soupapes des pistons de pompes. — Nous en avons déjà parlé au *volume IX* à propos des pistons. On fait ces soupapes à boulets, à clapet à charnière, à clapet à lanterne (fig. 140) ; le piston doit présenter une arcade en forme d'*anse de panier* qui limite la course de la soupape et reçoit la tige du piston en laissant de chaque côté le passage de l'eau, comme le montre la figure 196.

Soupapes équilibrées. — Une soupape ordinaire supporte une charge égale à la pression du fluide multipliée par la surface de l'obturateur ; avec les fortes pressions, il faut donc une force considérable pour soulever cette soupape. On attribue à l'Anglais Hornblower, qui l'appliqua il y a plus de cent ans à Cornwall, l'invention de la soupape à **deux sièges annulaires** dans laquelle la pression n'agit que sur une surface très réduite: *M. Armengaud*, dans son *Vignole des mécaniciens*, décrit plusieurs genres de ces soupapes, entre autres celles des pompes de Chaillot servant une conduite de plus d'un mètre de diamètre (figure 160), la partie travaillante annulaire du clapet est reliée à la douille centrale, formant guidage par quatre bras entre lesquels s'écoule l'eau qui passe par l'orifice supérieur ; les sièges sont garnis de bagues de bronze.

Les figures 163 et 164 montrent des soupapes équilibrées à deux et à quatre sièges employées pour la distribution de vapeur des machines *Sulzer* ; grâce à leur forme, ces soupapes n'exigent qu'un faible effort pour leur levée.

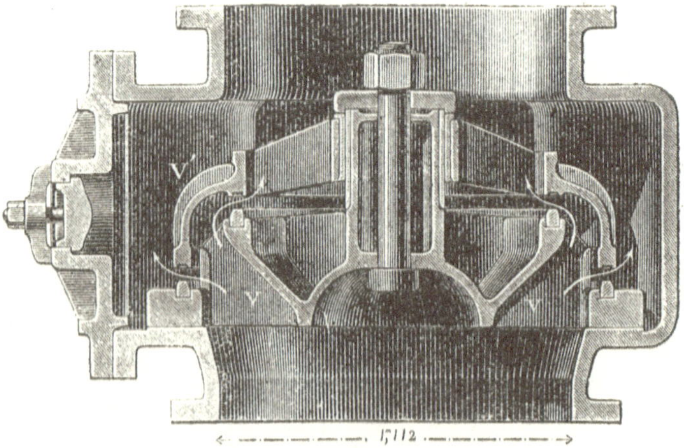

Fig. 160. - Soupape équilibrée *Farcot*.

Les soupapes équilibrées se font aussi avec deux têtes du même diamètre reposant sur deux sièges parallèles comme on le voit dans le détendeur de pression figure 178. Un dispositif

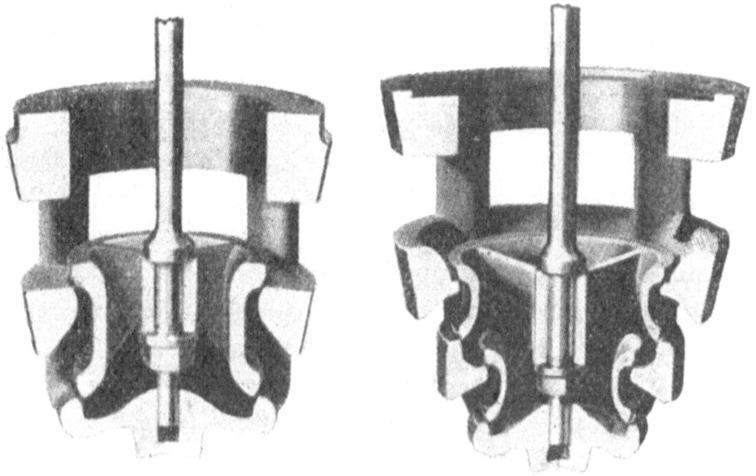

Fig. 163 et 164. - Soupapes *Sulzer*.

analogue est employé dans les **tiroirs cylindriques** pour annuler la pression de la vapeur sur les surfaces frottantes ; la figure 161 représente, d'après M. Armengaud, la soupape équilibrée de M. Farcot pour la distribution d'une de ses machines à vapeur : le fluide sous pression arrive entre les deux soupapes et s'échappe en même temps par les deux orifices.

Soupapes annulaires étagées. — Le passage du fluide comprimé ne se faisant que *par la circonférence* de la soupape, on a construit des soupapes de forme conique avec **étages annulaires** multipliant considérablement l'importance du débit : la figure 162 en montre un exemple emprunté a M. Armengaud : les clapets obturateurs sont ici des couronnes élastiques en caoutchouc ; d'autres constructeurs les constituent par des anneaux métalliques ; on peut aussi les faire dépendant d'une cloche ajourée pour laisser passer l'eau, mais il est ainsi difficile de conserver partout un contact hermétique. Ces dispositifs ne furent employés que pour de grosses pompes à basse pression qui sont maintenant remplacées par les pompes centrifuges.

Soupapes multiples. — Plutôt que de recourir au mécanisme compliqué des soupapes à étages, on préfère disposer sur un même siège un certain nombre de soupapes simples dont l'étanchéité est certaine et l'entretien facile. C'est ce que l'on fait pour les pompes des condenseurs des compresseurs de gaz et des réfrigérants à surface.

Soupapes des condenseurs. — On les constitue avantageusement par un plateau en fonte d'assez grand diamètre garni d'une plaque de caoutchouc battant sur une grille en fonte ou bronze. La soupape, rappelée par un ressort à boudin, est guidée par sa tige centrale, comme le montrent les figures 165 et 166 qui représentent les soupapes d'aspiration et de refoulement auxquelles on donne 0 m. 12 à 0 m. 30 de diamètre avec une épaisseur de 5 à 10 millimètres de caoutchouc para.

Soupapes ou clapets des compresseurs d'air. Voir volume XIV).

Soupapes de sûreté. — Toutes les fois qu'un récipient autoclave (chaudière, cuiseur à vapeur, réservoir de gaz, tuyauterie, etc.) doit contenir un fluide sous pression, il est nécessaire de le munir d'une **soupape automatique** laissant échapper librement le fluide dès que sa pression dépasse le **timbre** de l'autoclave.

Dans le volume sur les **machines à vapeur**, on trouvera le décret du 26 avril 1926 régissant les soupapes de sûreté des chaudières à vapeur.

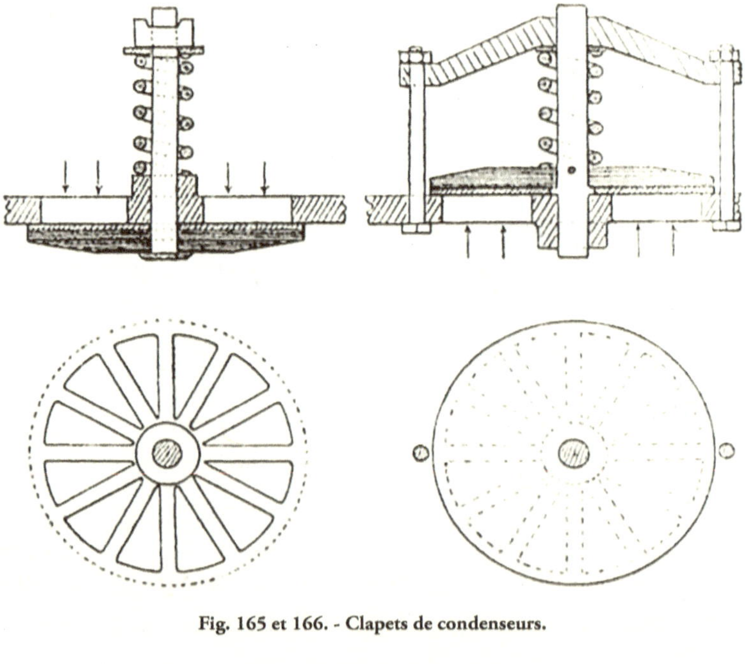

Fig. 165 et 166. - Clapets de condenseurs.

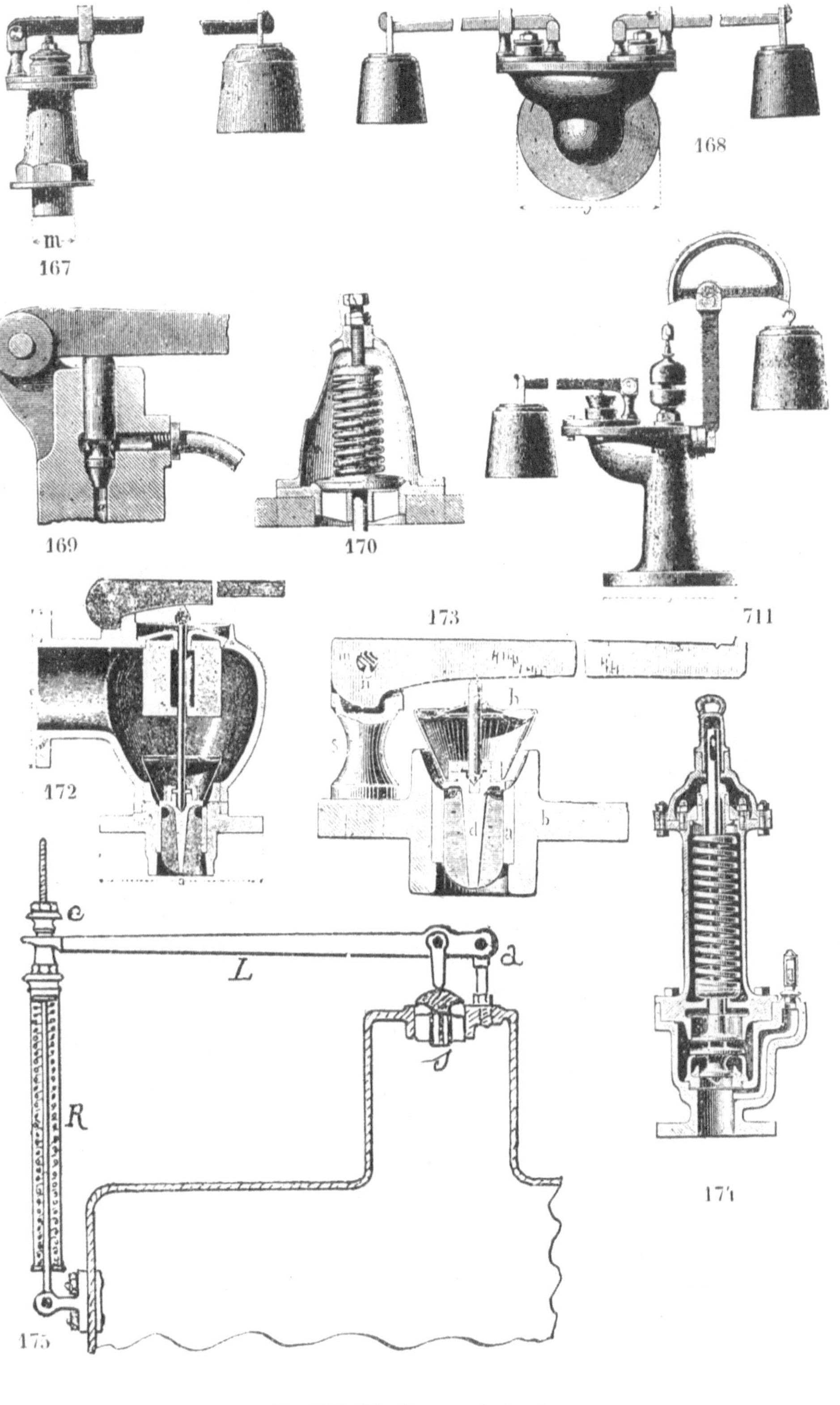

Fig. 167 à 175. - Soupapes de sûreté.

Les figures 125 et 126 montrent des soupapes de sûreté à boulet et levier à contrepoids appliquées par M. Gandillon de Senlis à de grosses canalisations pour produits de sucreries : le boulet permet le passage facile de liquides épais ou chargés de matières solides.

Les soupapes de sûreté pour chaudières et autoclaves à vapeur ou à gaz sont constituées par un **clapet à lanterne** (fig. 172) ou par une **soupape guidée** (fig. 170), ou par un **pointeau** (fig. 169) sur lequel appuie un levier à contrepoids ou bien un ressort taré convenablement. La course maxima du contrepoids ainsi que le serrage du ressort doivent être limités selon le timbre de la chaudière de façon que l'ouvrier ne puisse pas modifier ce réglage. Généralement on met deux soupapes de sûreté afin que l'une des deux au moins fonctionne à temps : il est *nécessaire* de s'assurer *très souvent* de ce bon fonctionnement : on vérifie que les soupapes ne sont pas *collées* en soulevant le levier avec un bâton, ce qui fait *souffler* la soupape.

Les soupapes à ressorts ou balances sont surtout employées sur les locomotives et les navires où le mouvement ferait osciller le poids et les leviers en rendant aléatoires leur fonctionnement (fig. 174 et 175).

Les soupapes à ressort se font souvent en faisant agir le ressort par l'intermédiaire d'un levier L (fig. 175 et 176), ce qui permet le réglage facile de la tension du ressort par l'écrou *e*.

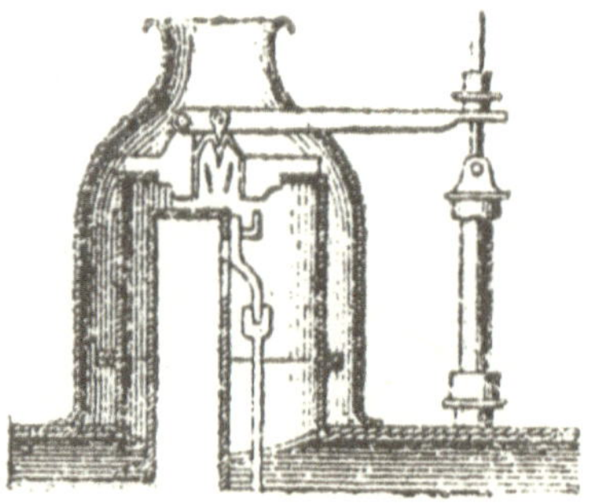

Fig. 176. - Soupape de sûreté à ressort.

Quelquefois on adjoint aux soupapes un sifflet d'alarme (fig. 171) ; afin de n'être pas gêné dans la chaufferie par la vapeur sortant des soupapes de sûreté, on peut adopter les dispositifs figure 169 ou 172 avec tube d'évacuation au dehors (**Soupapes couvertes**).

Le diamètre de l'orifice d'une soupape de sûreté doit être proportionnel à la puissance d'alimentation qui fournit l'autoclave, c'est-à-dire, dans le cas d'une chaudière à vapeur, à la surface de chauffe et, dans le cas d'un autoclave alimenté par un compresseur, au débit de cette machine ; ce diamètre d'orifice est inversement proportionnel à la pression, car le fluide s'échappe d'autant plus vite que la pression est plus forte.

On le calcule par la formule :

$$d = 2.64 \sqrt{\frac{S}{t \times 0.6}}$$

dans laquelle S est la surface de chauffe, t la pression effective en kilogrammes ou le numéro du timbre.

Cette formule conduit à des diamètres considérables pour les basses pressions et les grandes surfaces de chauffe, ainsi qu'on le verra par les tableaux ci-après ; d'autre part, la levée de la soupape ne se fait jamais complètement, car le fluide perd son action sur elle dès qu'il commence à s'échapper : en réalité, les soupapes de sûreté ne se lèvent guère que d'un demi à un millimètre, *ce qui est insuffisant pour faire baisser la pression si l'alimentation continue* ; il faut donc, dès que la soupape souffle, modérer le feu ou arrêter le compresseur ; il existe, du reste, pour cela des régulateurs automatiques agissant sur le tirage du foyer ou sur les mécanismes des compresseurs : nous en reparlerons aux volumes *XIV* et *XVII*.

Le poids dont il faut charger le levier se calcule comme suit :

L étant la longueur de levier entre l'axe d'articulation et le poids P.
l la longueur entre l'axe d'articulation et l'appui sur la soupape.
s le poids propre du clapet.
p la charge causée sur la soupape par le poids propre du levier.
d le diamètre du clapet.
t la pression du fluide.

$$P = (0.789\ \pi d^2 - s - p)\frac{l}{L}$$

Les constructeurs se sont préoccupés de rendre *progressif* le débit des soupapes de sûreté ; nous citerons les **soupapes Dulac**

(*Muller et Roger*) qui comportent un **clapet à lanterne** formant guidage et un **compensateur** formé d'un tronc de cône entouré d'un ajutage paraboloïde qui a pour effet de prolonger la pression de la vapeur sur le clapet et d'augmenter sa levée, et les soupapes *Lethuillier et Pinel* formées de deux disques surmontant le clapet proprement dit : la vapeur ouvre le clapet et son action se continue sur les disques d'un plus grand diamètre, ce qui force la soupape à augmenter sa levée. Ces soupapes se font à poids ou à ressort, comme les soupapes ordinaires.

Les tableaux ci-après donnent en millimètres les diamètres des clapets à adopter selon la surface de chauffe et la pression.

TABLEAU DES DIAMÈTRES POUR SOUPAPES SIMPLES ET SOUPAPES LETHUILLIER ET PINEL, SELON LA PRESSION ET LA SURFACE DE CHAUFFE.

Sièges et contacts des clapets et soupapes. — Il faut choisir les matières constituant le clapet et son siège de façon qu'elles résistent

SURFACE DE CHAUFFE	Pression 6 kil		Pression 7 kil		Pression 8 kil.		Pression 9 kil.		Pression 10 kil.		Pression 11 kil.		Pression 12 kil	
	Soupapes ordinaires	Soupapes à échappement progressif	Soupapes ordinaires	Soupapes à échappement progressif	Soupapes ordinaires	Soupapes à échappement progressif	Soupapes ordinaires	Soupapes à échappement progressif	Soupapes ordinaires	Soupapes à échappement progressif	Soupapes ordinaires	Soupapes à échappement progressif	Soupapes ordinaires	Soupapes à échappement progressif
mq.	mill.	mill.	mill.	mill.	mill.	mill.	mill.	mill.	mill.	mill.	mill.	mill.	mill.	mill.
20	45,9	26,5	42,8	24,7	40,3	23,2	37,9	21,9	36,1	20,8	34,5	19,9	33,2	19,2
30	56,3	32,4	52,4	30,2	49,1	28,3	46,5	26,8	44,4	25,6	42,3	24,4	40,5	24,0
40	65,4	37,5	60,6	34,9	56,9	32,8	53,8	31,0	51,2	29,5	48,8	28,2	47,0	27,1
50	72,7	41,9	67,7	39,1	63,7	36,7	60,0	34,6	57,2	33,0	54,8	31,6	52,5	30,3
60	79,6	45,9	74,1	42,8	69,6	40,2	66,0	38,1	62,6	36,1	60,0	34,6	57,4	33,1
70	86,0	49,6	80,2	46,2	75,1	43,3	70,4	40,6	67,8	39,1	64,7	37,3	62,1	35,8
80	91,9	53,0	85,7	49,5	80,6	46,5	76,1	43,9	72,5	41,8	69,1	39,9	66,5	38,4
90	97,5	56,2	90,9	52,4	85,2	49,2	80,8	46,6	76,9	44,4	73,5	42,4	70,4	40,6
100	102,8	59,3	95,8	53,8	89,9	51,9	85,2	49,2	81,1	46,8	77,4	44,7	74,3	42,9
110	107,7	62,2	100,3	57,9	94,3	54,4	89,4	51,6	85,0	49,0	81,3	46,9	78,0	45,0
120	112,8	65,1	104,7	60,5	98,5	56,8	93,3	53,8	88,9	51,3	84,7	48,9	81,3	46,9
130	117,3	67,6	110,2	63,0	102,7	59,2	97,2	56,1	92,3	53,2	88,4	51,0	84,7	48,9
140	121,6	70,2	113,3	65,4	106,6	61,5	100,8	58,2	95,9	55,3	91,7	52,9	87,8	50,7
150	126,0	72,6	117 3	67,7	110 2	63,6	104,2	60,1	99,3	57,3	94,9	54,7	91,0	52,5
160	130,1	75,1	121,1	69,9	113,8	65,7	107,6	62,1	102,4	59,1	98,0	56,5	94,1	54,3
170	133,9	77,3	124 8	72,0	117,2	67,6	111,0	64,0	105,8	61,0	101,1	58,3	96,9	55,9
180	137,8	79,5	128,4	74,1	120,9	69,7	114,4	66,0	108,6	62,7	104,0	60,0	99,8	57,6
190	141,5	81,7	132,0	76,2	124,0	71,5	117,5	67,8	111,8	64,5	106,8	61,6	102,4	59,1
200	145,8	83,9	135,5	77,1	127,4	73,5	120,3	69,4	114,6	66,1	109,7	63,3	105,3	60,7
210	148,8	85,9	138,8	80,1	130,5	75,3	123,5	71,2	117,5	67,8	112,3	64,8	107,9	62,2
220	152,3	88,0	141,9	81,9	133,6	77,1	126,3	72,9	120,8	69,4	114,9	66,3	110,2	63,6
240	159,2	91,9	148,3	85,6	139,3	80,4	132,0	76,2	125,5	72 4	120,1	69,3	115,1	66,4
260	165,6	95,6	154,4	89,1	145,0	83,7	137,2	79,2	130,7	75,4	125,0	72,1	119,8	69,1
280	172,1	99,3	160,2	92,5	150,5	85,3	142,4	82,2	135,7	78,3	129,7	74,8	124,5	71,8
300	178,0	102,7	163,8	95,7	156,0	90,0	147,6	85,2	140,4	81,0	134,1	77,4	128,9	74,4

à la température et au fluide, qu'elles ne grippent pas l'une sur l'autre et présentent une résistance suffisante à la pression.

Diamètres à donner aux soupapes Dulac (Muller et Roger)

SURFACE de CHAUFFE	PRESSIONS											
	4 kgs	5 kgs	6 kgs	7 kgs	8 kgs	9 kgs	10 kgs	11 kgs	12 kgs	13 kgs	14 kgs	15 kgs
10 m^2	30											
20 m^2	40	35	35	30	30	30						
30 m^2	45	45	40	40	35	35	30	30	30	30	30	
40 m^2	55	50	45	45	40	40	35	35	35	35	35	30
50 m^2	60	55	55	50	45	45	40	40	40	35	35	35
60 m^2	65	60	55	55	50	50	45	45	40	40	40	35
70 m^2	70	65	60	60	55	50	50	45	45	45	40	40
80 m^2	75	70	65	60	60	55	50	50	50	45	45	45
90 m^2	80	75	70	65	60	60	55	55	50	50	45	45
100 m^2	85	80	75	70	65	60	60	55	55	50	50	50
120 m^2	95	85	80	75	70	65	65	60	60	55	55	55
140 m^2	100	95	85	80	75	70	70	65	65	60	60	55
160 m^2		100	90	85	80	75	70	70	65	65	60	60
180 m^2			100	90	85	80	80	75	70	70	65	65
200 m^2			100	95	90	85	80	75	75	70	70	65
220 m^2				100	95	90	85	80	80	75	75	70
240 m^2					100	95	90	85	80	80	75	75
260 m^2						100	95	90	85	80	80	75
280 m^2						100	95	90	90	85	80	80
300 m^2							100	95	90	85	85	85

Le **cuir gras** ne peut être accepté que pour les basses températures : moins de 30 degrés centigrades ; le **caoutchouc vulcanisé** peut aller jusqu'à 80 degrés ; la **fibre de bois vulcanisée** peut supporter 60 degrés environ.

Les agglomérés à base de **gommes synthétiques** (Ferodo, Textoil, etc.) supportent 120 degrés et même 150 degrés quand ils sont fabriqués spécialement : ce sont d'excellentes garnitures de soupapes et de robinets à clapets, dont l'emploi est relativement récent. Les clapets pour hautes températures se font à *rodage* à contact précis, bronze sur fonte, acier ou nickel sur fonte ou sur bronze. Il est bon de faire les sièges des soupapes *rapportés* sur le corps de la machine et indépendants, ce qui permet de les remplacer en cas d'avarie ou d'usure.

La portée de la soupape sur son siège doit être aussi petite que possible en se conformant aux chiffres donnés au début de ce chapitre.

Dans l'étude d'une soupape à guidage, il faut tenir compte de la dilatation respective des pièces, laisser le jeu suffisant aux guidages et préférer les sièges plans sur la déformation desquels la température a le moins d'action.

Clapets et soupapes des compresseurs d'air et des pompes à vide. (Voir Volume XIV.)

Détendeurs ou réducteurs de pression. — Pour réduire la pression de la vapeur ou d'un gaz comprimé entre une canalisation de distribution et une autre d'utilisation, on se borne parfois à limiter à une certaine valeur l'orifice de communication ; il en résulte des variations considérables de pression dans la conduite d'utilisation : les détendeurs ont pour objet de régulariser cette pression réduite.

Un **détendeur** se compose d'un corps à l'intérieur duquel se trouve une **soupape double parfaitement équilibrée** sur laquelle la pression d'arrivée n'a pas d'action.

Cette soupape est solidaire d'un piston soumis à la pression d'un ressort ou d'un contrepoids.

La surface inférieure du piston est soumise à la **pression réduite** et le réglage s'obtient par la charge plus ou moins forte donnée par le contrepoids en déplaçant celui-ci sur son levier ou par la tension donnée au ressort au moyen de la vis de réglage (fig. 177 à 179).

Si la pression réduite vient à dépasser celle déterminée par le réglage, le piston monte et ferme partiellement les soupapes ; si, au contraire, cette pression diminue le piston descend, les soupapes s'ouvrent davantage, et l'admission de vapeur est augmentée. La pression détendue reste ainsi absolument constante.

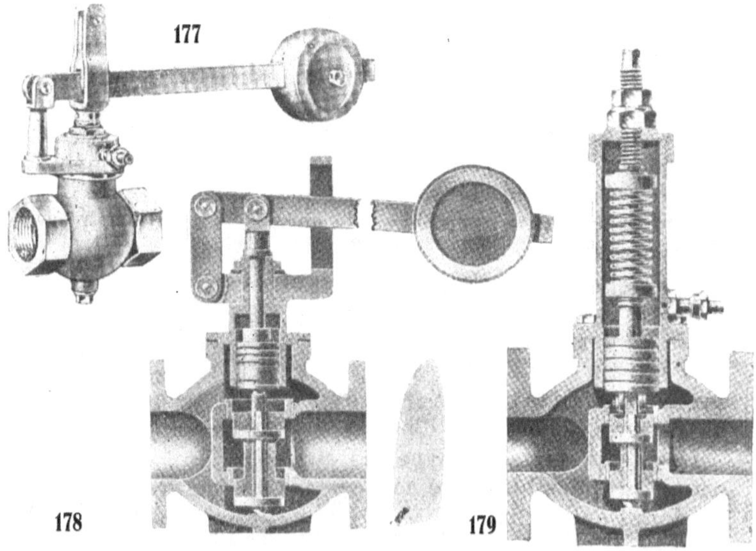

Fig. 177 à 179. - Détendeurs de pression.

On donne au ressort une longue course et une grande souplesse pour permettre le fonctionnement de l'appareil avec des écarts de pression aussi grands que possible.

Le détendeur peut aussi être réalisé au moyen d'un *diaphragme* en caoutchouc doublé d'une plaque mince en métal *d*, (fig. 180), qui reçoit la tige de la soupape équilibrée *e* à laquelle il transmet l'action du ressort de réglage.

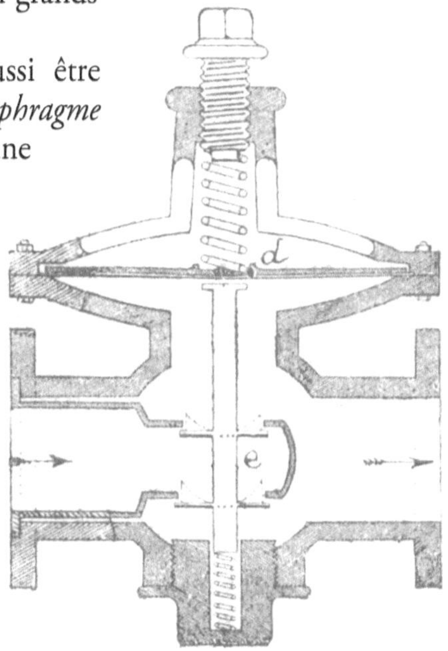

Fig. 180. - Détendeur de pression à diaphragme.

Les réducteurs de pression sont employés dans les teintureries, papeteries, chocolateries, fabriques de produits chimiques, pour l'alimentation des autoclaves, etc., et surtout pour le chauffage des locaux ; on les utilise aussi dans les distributions *d'air comprimé.*

Débits des détendeurs en kilogrammes de vapeur par heure (H. Hamelle).

Différence de pression à obtenir (en kg).	DIAMÈTRE DE L'ORIFICE								
	20	**25**	**30**	**40**	**50**	**60**	**80**	**100**	**125**
1	20	150	250	450	600	900	1700	2700	4200
2	130	250	350	650	1000	1400	2600	4000	7300
3	200	350	500	850	1400	1900	3500	5400	8100
4	250	400	600	1050	1700	2400	4300	6700	10500
5	300	500	700	1250	2000	2900	5100	8000	12500
6	350	600	850	1540	2300	3400	5900	9800	14500
7	380	650	950	1650	2600	3800	6700	10500	16400
8	430	700	1050	1850	2900	4200	7400	11500	18600
9	480	800	1150	2050	3200	4600	8100	12000	19800
10	500	850	1250	2200	3500	5000	8800	13700	21500
11	650	900	1300	2450	3700	5300	9100	14700	22900
12	720	950	1400	2850	3800	5500	9800	15300	23900

CHAPITRE IX

ROBINETS. — VANNES. — VALVES.

Le terme de **valve** est surtout appliqué aux organes rotatifs de distribution dans les **machines à vapeur** ; nous en parlerons dans le *volume XVII*, sur ces machines. Les vannes pour canaux de roues et turbines seront traitées au *volume XVI ; Moteurs hydrauliques.*

Nous ne nous occuperons ici que des **obturateurs** *manœuvrés à la main* dont nous avons déjà donné une nomenclature dans notre *volume II.*

Les **robinets ou vannes** destinés au service des canalisations d'eau, de liquides divers, de vapeur, de gaz ou d'air doivent être faits en métal inattaquable par ces matières, il faut que le **passage** qu ils offrent au fluide ait une section au moins égale à la section de la canalisation desservie et que le mouvement rectiligne de la veine fluide ne soit pas contrarié.

Les **robinets à boisseau** conique rodé, (fig. 147 et 148) sont d'un entretien et d'une réparation faciles, puisque celle-ci se borne, quand elle est faite à temps, à un simple *rodage à l'émeri* ou à la poudre de grès très fine ; mais ils ont le défaut d'être très sensibles à la dilatation qui fait serrer leur clé dans le boisseau et rend quelquefois leur manœuvre impossible ; il faut les enduire intérieurement de *graisse graphitée*, les serrer très modérément et les manœuvrer fréquemment. En faisant la clé de forme très allongée, on arrive à donner au passage la section du tuyau.

Les figures 182, 183, 185, 186 et 188 montrent les robinets a boisseau de la **série des tubes en fer** ; ils se font soit tout en fonte malléable et craignant la rouille, soit avec **chemise en bronze** ou **clé en bronze** avec serrage dessous ou dessus par **bague vissée, joint élastique et couvercle**, à deux, trois ou quatre directions. Ils sont bien meilleur marché que ceux en bronze de même section de passage.

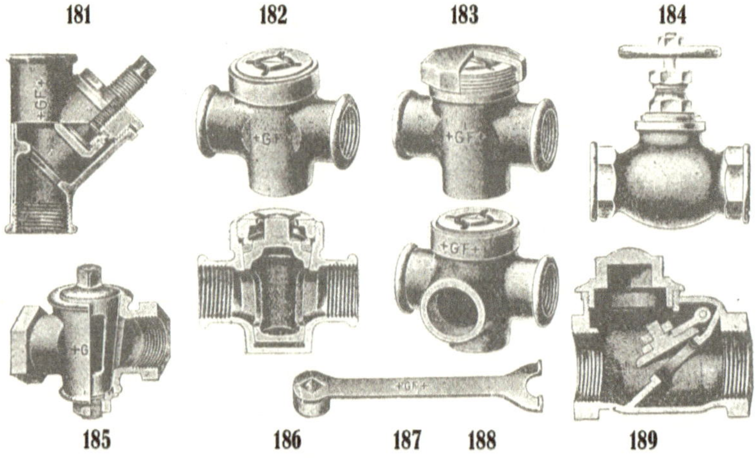

Fig. 181 à 189. - Robinets de la série des tubes en fer.

La figure 181 montre un obturateur à clapet de la même série et la figure 189 un clapet de retenue.

La vanne à papillon (fig. 190) a l'inconvénient de ne pas donner une étanchéité absolue et de réduire la section de passage ; elle a l'avantage d'être *équilibrée*, et de ne demander qu'un très faible effort de manœuvre, aussi l'emploie-t-on souvent avec les régulateurs automatiques.

Les **robinets-vannes à clapet** ou **soupape** sont surtout employés pour l'eau chaude et la vapeur, car la dilatation ne gène pas leur manœuvre ; l'obturateur peut être un **clapet à lanterne**, un **boulet sphérique** ou une **soupape à disque** (fig. 191 et 192) ; la manœuvre se fait par une tige filetée dont la partie lisse traverse un presse étoupes (fig. 184). La figure 195 en montre un type à **trois directions** avec clapet guidé par ailettes ; le modèle figure 192 a l'inconvénient de changer deux fois la direction de la veine fluide, ce qui est évité dans les **vannes à**

passage direct, figures 200, 201, 203, 204, 197, 198 et 199, dans lesquelles l'obturateur est soit un volet plan coulissant entre des glissières, soit un clapet dirigé obliquement (fig. 197) ; le clapet à charnière, figure 199, est intéressant. La figure 194 montre une **bouche d'eau** avec clapet manœuvré par vis.

La figure 198 montre une **vanne pour hautes pressions**, à passage direct et **by-pass** de petit diamètre qui permet d'équilibrer la pression dans les deux parties de la conduite avant d'ouvrir la vanne principale.

190 191 192 193

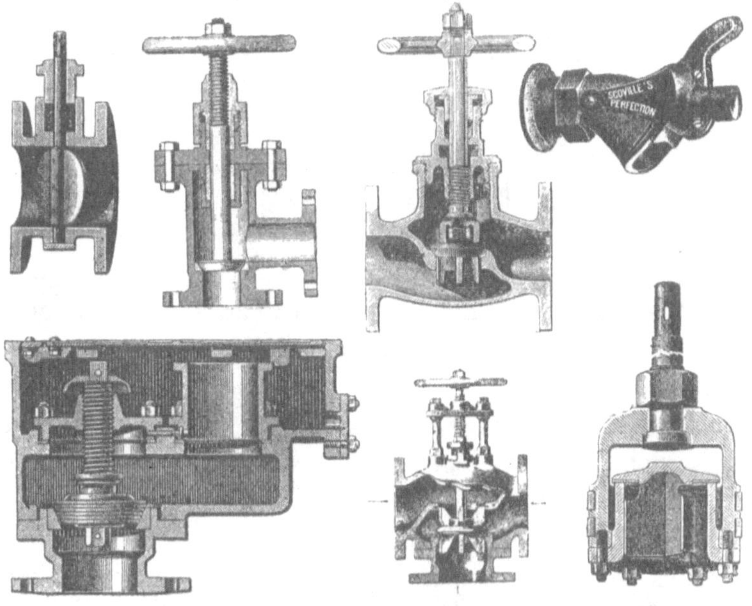

194 195 196

Fig. 190 à 195. - Vannes et clapets divers.

Fig. 196. - Piston à clapet.

Robinets-vanne à trois voies : figure 188 avec clé rodée ; figure 195 avec soupape équilibrée à guidage.

Clapets de retenue. — Se placent dans le cours d'une canalisation pour empêcher automatiquement le retour en arrière du fluide : la figure 189 en montre un modèle, avec **regard de visite** en-dessus, et la figure 202 un autre genre, avec **levier au dehors**, permettant de l'ouvrir à volonté.

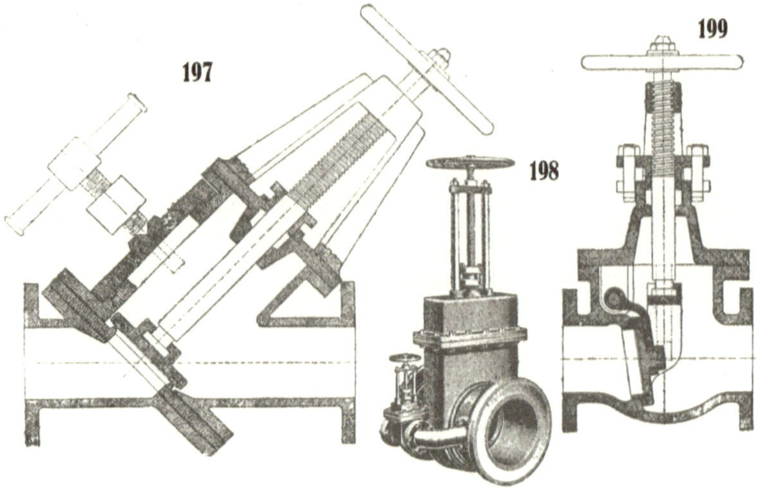

Fig. 197 à 199. - Vannes à passage direct.

Les figures 193, 202 et 208 montrent des **obturateurs à tiroir glissant** et à clapet employés pour les basses pressions et les liquides épais : goudron, vidanges, mélasses, malts, etc.

Les **robinets à pointeau** figures 205 à 211 sont employés pour les petits débits : purgeurs, manomètres, graisseurs ; les figures 206 et 207 montrent des **purgeurs à boisseau** pour vapeur ou **robinets de jauge**.

La figure 210 est un type de robinet de prise d'eau à clapet en caoutchouc rappelé par un fort ressort à boudin en laiton : quand on cesse d'appuyer sur le levier, il se ferme seul : il existe de nombreux modèles sur ce principe.

Nous n'en finirions pas si nous voulions mentionner tous les modèles des catalogues de constructeurs ; nous avons cité les *types* essentiels, et dans le *volume II* nous avons représenté d'autres modèles de robinetterie commerciale.

Robinets à flotteur. — Pour l'**alimentation automatique** des réservoirs on emploie les robinets à flotteur représentés figures 212 et 213 : lorsque le flotteur, constitué par une sphère creuse en zinc, est soulevé par l'eau, la soupape du robinet se ferme. La proportion des bras du levier est de 1 à 8 ou 10.

Dans la figure 213, l'action d'un contrepoids s'ajoute à celle du flotteur.

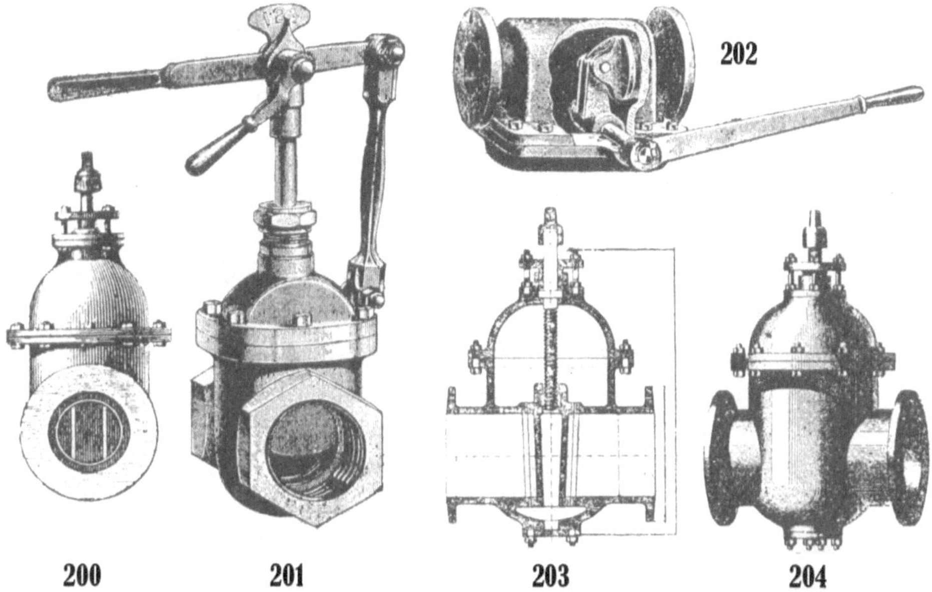

Fig. 200 à 204. - Vannes diverses

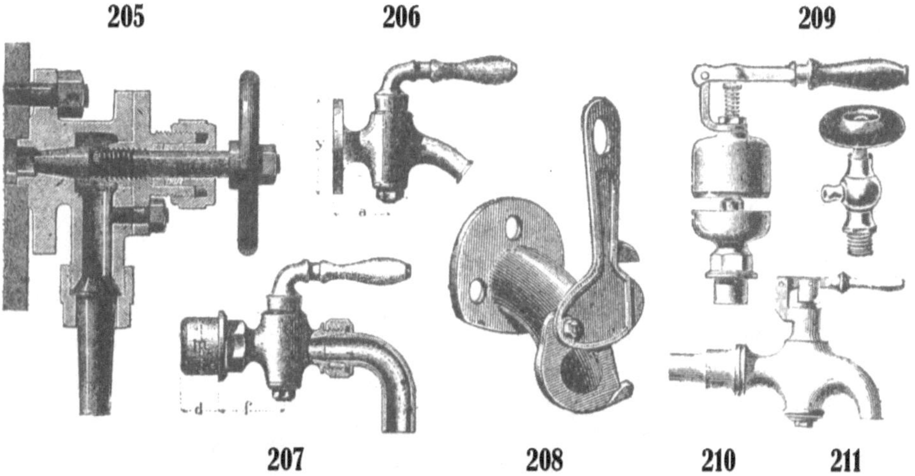

Fig. 205 à 211. - Robinets divers et sifflet.

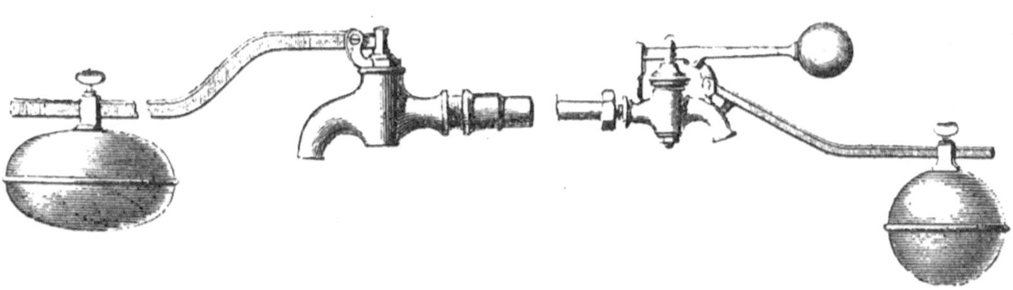

Fig. 212 et 213. - Robinets à flotteur.

Sifflets, trompes et sirènes. — Dans le **sifflet** représenté figure 209, la vapeur, ou l'air comprimé, fuse par un espace annulaire d'environ un demi-millimètre de largeur et vient vivement frapper les bords d'une **cloche en bronze** qui rend un son d'autant plus grave qu'elle est plus grande en diamètre et en hauteur.

La **trompe** est constituée par un simple tuyau comme les tuyaux d'orgue.

Dans la **sirène**, un **disque mobile** percé d'ouvertures inclinées tourne au-dessus d'un disque fixe percé d'ouvertures inclinées en sens inverse des premières : le jet de vapeur ou d'air est mis ainsi en vibration et rend un son dont la hauteur est proportionnelle à la vitesse du disque mobile. Tous ces appareils peuvent donner plusieurs sons, selon la vitesse du fluide comprimé qui les actionne.

CHAPITRE X

JOINTS
GARNITURES POUR JOINTS DE TOUTES SORTES

Toutes les matières ne conviennent pas pour tous les joints ; au contraire, la matière constituant la **garniture** du joint doit être strictement appropriée à la nature du fluide qu'il s'agit d'enfermer.

En règles générales :

1° Les brides, surfaces ou collets à jonctionner doivent être très bien **dressés** et s'appliquer exactement l'un sur l'autre.

2° La garniture formant joint doit être aussi mince que possible ; si les surfaces sont bien dressées, il suffit d'une garniture ayant seulement un quart ou un demi millimètre d'épaisseur. Une garniture épaisse et compressible n'est nécessaire que pour des surfaces mal préparées mécaniquement : en ce cas, la garniture doit pouvoir résister à la pression du fluide enfermé, sinon le joint claque.

3° Lorsqu'un joint perd, il est généralement inutile d'essayer de remédier à ce défaut en serrant exagérément les boulons d'assemblage ou le raccord fileté, car la fuite provient d'un défaut de la garniture et non d'un manque de serrage. En resserrant les boulons ou raccords, vous risquez de les casser ou de faire foirer les filetages : il vaut mieux démonter et refaire la garniture, après avoir bien nettoyé les surfaces à joindre.

Procédés à employer pour divers joints :

1° *Joints précis à rodage plats et coniques.* — Roder avec de la potée d'émeri n° 1 ou n° 0 ; garnir avec un peu de graphite ou graisse Belleville[3].

2° *Joints à brides et boulons.* — Pour l'eau froide : cuir gras, caoutchouc en feuilles ; carton enduit de pâte de minium ou de céruse ; carton trempé dans l'huile, suif ou paraffine fondue.

Pour l'eau chaude et vapeur : caoutchouc entoilé spécial pour vapeur ; carton d'amiante trempé dans l'huile ou dans la graisse fondue ; toile métallique très fine enduite de minium en pâte : klingérit[4].

Pour l'échappement : carton d'amiante ; joints métallo-plastiques spéciaux : klingérit.

Joints de culasses de cylindres à gaz. Papier d'amiante enduit de graisse Belleville ou graphite ; mastic de minium ou cérus ; joints au plomb en fil ou en plaques ; papier ou carton d'amiante trempé dans l'huile de naphte.

Fonds de cylindres à vapeur et boites de tiroirs : mastic de minium et toile métallique de cuivre : klingérit ou similaires ; joints au plomb en fil ou plaques.

Plaques de foyers amovibles : mêmes que ci-dessus, ou tresses d'amiante entrecroisées et imprégnées de minium ou céruse ; à défaut d'amiante, employer de la filasse de chanvre.

Pour l'essence ou le pétrole : Rondelles minces en plomb, en fibre vulcanisée, en carton enduit de plombagine (mine de plomb).

Pour l'huile : cuir, rondelles de fibre vulcanisée, carton dur, enduit de pâte de farine.

Joints des raccords 3 pièces pour l'eau : rondelles de cuir gras ; filasse ou fil d'amiante enduits de céruse ou de suif.

Joints des bougies d'allumage : fil d'amiante ; joints métallo-plastiques.

Joints des tubes de porcelaine des brûleurs : fil ou rondelles d'amiante (carton doux d'amiante).

Joints entre le cylindre et le carter : papier fort ou parcheminé, que l'on peut au besoin enduire de pâte de farine on de céruse.

(3) La graisse Belleville est une graisse graphitée.

(4) La feuille de Klingérit est un aggloméré d'amiante et de caoutchouc.

Pour aveugler provisoirement une fuite : emplâtres de papier ou de toile enduits de terre glaise, de céruse, de mastic, de pâte de farine, etc., ligaturés fortement avec de la ficelle ou du fil de fer ; ruban *chatterton.*

Pour raccorder les tuyauteries d'eau. — Certains constructeurs préconisent avec raison l'emploi de morceaux de tubes de caoutchouc entoilé pour raccorder entre eux les tuyaux conduisant l'eau froide ou l'eau chaude ; ces *manchons* de caoutchouc sont serrés sur les tubes métalliques par des *ligatures* en fil de fer galvanisé ou par des colliers spéciaux.

Pour vapeur sous pression : pâte de minium et filasse ; caoutchouc entoilé ou caoutchouc métallisé par interposition d'une toile de cuivre. Compositions d'amiante pour vapeur dites klingérit et similaires.

Pour garnitures de presse étoupes : cordes et tresses de coton suiffées ou paraffinées, carrées ou rondes.

Produits divers du commerce :

Graisse graphitée dite graisse Belleville, empêche les joints de coller aux surfaces et facilite les démontages.

Carton d'amiante.

Tissus et carton d'amiante caoutchouté.

Klingérit et similaires en amiante imprégné et comprimé.

Cordes et tresses suiffées, graphitées.

Tresses cuivre et amiante.

Caoutchouc entoilé avec coton ou fils métalliques.

Joints cuivre rouge et amiante dits *métallo-plastiques.*

Mastic de minium avec ou sans filasse ou amiante.

Mastic Serbat et mastics au manganèse.

Mastic de céruse.

En règle générale, la matière qui compose une garniture doit être insoluble dans le fluide qu'il s'agit de retenir, ce qui revient à adopter des pâtes à base d'eau et farine pour les joints d'huile et corps gras et des joints à base de matières grasses pour retenir l'eau et la vapeur.

MATAGE D'UN JOINT

Quand un joint de réservoir ou de chaudière présente une fuite peu importante, il ne faut pas attendre pour le réparer, car

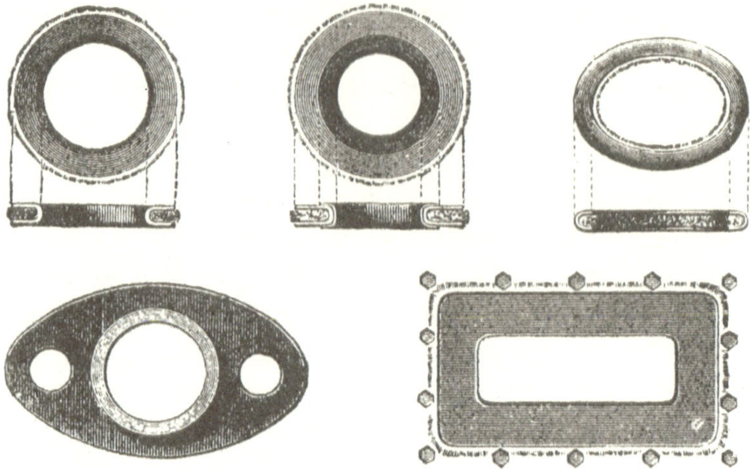

Fig. 213 bis. - Joints métalloplastiques.

Ces joints sont constitués par une bague emboutie en cuivre rouge avec garniture intérieure en amiante. La figure 213 bis en montre divers modèles de M. Vital Fa gère à St-Étiennc.
1. Formé d'une bague de cuivre rouge, ouverte à l'extérieur et garnie de fils amiante. — 2. Ce joint est formé d'une bague de plomb plus une 2e couverture cuivre étroite ; garniture en amiante. — 3. Bague en cuivre, l'amiante est à l'intérieur, la vapeur frappant extérieurement. — 4. Joint rectangulaire pour boites à vapeur, cuivre et amiante. Se plaçant à l'intérieur des boulons. — 5. Joint pour brides ovales ; la garniture cuivre-amiante est maintenue au centre par une plaque de laiton mince, ayant la forme de la bride.

le passage de la vapeur ou du liquide corrode les tôles et la fuite s'aggrave de plus en plus.

Dès que la fuite se révèle, si c'est un assemblage boulonné on peut essayer de resserrer les boulons, mais généralement cela ne sert à rien, car la fuite provient d'un défaut de contact des tôles en un très petit endroit et le resserrage n'agit que sur l'ensemble de la surface jointive ; si c'est un assemblage rivé, il n'y a pas possibilité de resserrer.

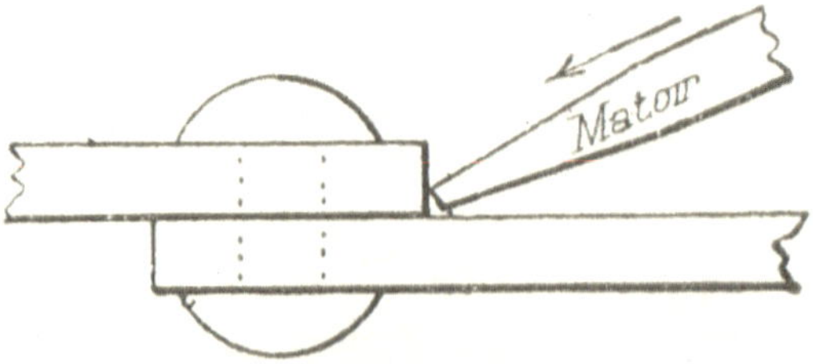

Fig. 214. - Matage d'un joint.

Le meilleur moyen est de *mater* les bords des tôles à l'endroit de la fuite, c'est-à-dire de refouler le métal **sous le joint** avec un matoir en acier trempé, à angles vifs, comme le montre la figure 214. Le matoir se forge et se trempe comme un burin ordinaire.

Ce procédé est très efficace et peut même être appliqué à des fuites de chaudières à haute pression.

Manière simple de découper les joints. — Voici un moyen très simple de découper les joints, exactement à la forme des surfaces à joindre, sans même avoir à les tracer : posez la feuille de carton, amiante, caoutchouc ou autre bien à plat sur la bride ou sur le carier et frappez tout autour sur la feuille avec un marteau léger : les bords à angle vif du métal pénétreront ainsi dans la feuille de garniture et y traceront profondément les contours du découpage exact, qu'il suffira ensuite de terminer avec un tranchet ; les emplacements des boulons et goujons seront marqués de même avec le marteau.

Pour le découpage des joints ronds, on se sert du compas à tracer et couper les rondelles, figures 215 et 216. Il faut toujours commencer par découper le cercle extérieur afin de conserver le centre comme point de base pour le découpage du cercle plus petit. Mettre de côté les rondelles en déchet : elles peuvent servir pour faire des joints de petits diamètres.

Quand on découpe des joints avec les emporte-pièces a frapper figure 217, il faut avoir soin d'opérer sur un moreau de **bois debout** et non à plat, ou sur une plaque de plomb ou de cuivre rouge, bien planes. Les passages des trous de boulons se font toujours avec des emporte-pièces à frapper.

On fait économiquement des emporte-pièces à frapper

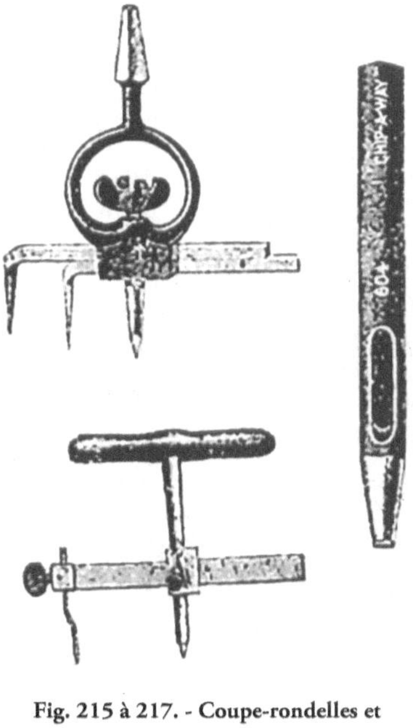

Fig. 215 à 217. - Coupe-rondelles et emporte-pièces.

avec des bouts de tubes d'acier dits *tube vélo* ou *tubes étirés* aiguisés en biseau et *trempés au prussiate*. On fait des emporte-pièces pour découper les joints, de forme ovale ou autre, avec une plaque d'acier trempant, dont la section est en V très aigu de 6 à 7 centimètres de largeur et 5 ou 6 millimètres d'épaisseur, contournée selon la forme du joint et brasée au cuivre. Ces outils s'emploient avec un mécanisme à pression quelconque : levier ou balancier à vis. L'industrie de la chaussure les utilise souvent.

Procédés pour empêcher le glissement de pièces de machines ou autres assemblées par boulons ou rivets. — Il consiste à interposer entre les surfaces assemblées :

1° Dans le cas où il est prévu des démontages fréquents :
Interposition d'une feuille, de toile ou de papier verré ou émerisé *sur les deux faces* de la toile ou du papier ou de deux feuilles opposées côté toile.

2° Dans le cas où il n'est pas prévu de démontage :
Interposition d'une feuille de toile ou de papier buvard imprégné d'un sel métallique capable de produire l'oxydation des surfaces assemblées, tels que :

Azotates de potasse ou de soude ;
Sulfate de zinc ;
Sulfate de cuivre ;
Chlorure de zinc, etc.

La préparation de toiles ou papiers verrés ou émerisés sur les deux faces peut être confiée à une maison spécialiste. La préparation de toiles ou papiers imprégnés des sels ci-dessus se fait par trempage dans un bain concentré, puis séchage. Il suffit alors de découper dans ces toiles ou papiers les morceaux nécessaires, avec les trous pour les boulons ou rivets, d'humecter d'eau ces sortes de joints préparés et de les interposer entre les deux surfaces à serrer ensemble.

Applications : toutes pièces assemblées soumises à des efforts discontinus telles que :

Cylindres de machines à vapeur locomotives ;
Bâtis de machines :
Amortisseurs de chocs ;
Patins de ressorts, etc.

CHAPITRE XI

CAMES

Nous avons donné au *volume I* des exemples des principaux genres de cames. Une **came** est un organe en *mouvement continu* communiquant par le moyen de bossages un *mouvement alternatif* à un **bras de levier** ou **poussoir**. Au contact de la came en mouvement et de l'organe immobile, il y a forcément un frottement d'autant plus intense que l'inertie de l'organe commandé est plus grande : on atténue souvent ce frottement par un **galet** à l'extrémité du levier ou poussoir.

Une came bien calculée ne doit pas produire de choc au moment où elle attaque l'organe commandé ; on arrive à supprimer presque totalement ce choc en donnant à la came un profil en *développante de cercle*[5] ou une courbe quelconque tangente à un cercle avec lequel le poussoir, levier ou galet reste constamment en contact.

La figure 218, montre l'application de ce principe à une came produisant deux fois par tour la levée d'un mouton pilon ou marteau par action sur l'extrémité d'un levier ou poussoir Z muni ou non d'un galet *g* (*Voir des exemples d'application au volume I*).

Pour le tracé de cette came, on fait le centre de rotation de la came sur la tangente au galet *g* dont on trace la position extrême de levée *g'* ; le cercle tangent à ce galet *g* donne la longueur des

(5) Voir le volume V, *Engrenages*, et le volume 1, *Courbes usuelles*.

dents de la came ; le galet *g*, au repos est en contact avec le cercle de la came d'où partent les courbes en développante de cercle ou autres tangentes à ce cercle qui déterminent le mouvement du galet *g* : l'attaque se fait ainsi *sans choc.*

La vitesse de la came doit être telle que le marteau ou pilon ait le temps de retomber complètement avant que la came n'attaque de nouveau ; il est facile de calculer le temps que demandera cette retombée :

D'après les lois de la pesanteur (voir Vol. 1), on a :

$$h = \frac{gt^2}{2} \text{ d'où } t = \sqrt{2h/g}$$

h étant la hauteur de tombée du marteau et $g = 9.81$; *t* sera exprimé en secondes et *h* en mètres, L'arc *cxy*, sur notre dessin, représente le chemin à parcourir par la seconde dent de la came à partir du moment où la dent *d* abandonne le galet *g*. Le temps *t* calculé ci-dessus devra donc être plus petit que le temps de la rotation *cxy*. En mesurant cet arc sur l'épure, on en déduira facilement la vitesse en tours par seconde et par minute de l'arbre à cames *a*.

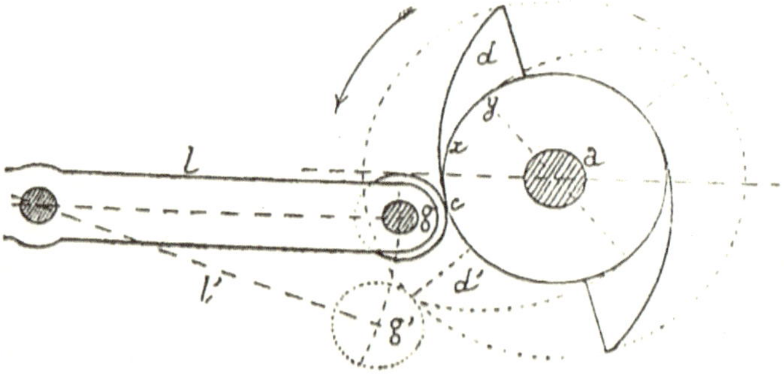

Fig. 218. - Cames pour marteau.

Dans certains cas, il s'agit de lever un organe *rappelé* par un ressort plus ou moins puissant et de faire retomber cet organe *sans bruit* : c'est le cas dans les moteurs d'automobiles et dans les moteurs industriels soigneusement construits. Alors, on trace le profil de la came de telle sorte qu'il *accompagne* la retombée du poussoir *sans cependant ralentir sensiblement sa vitesse de chute.*

Si l'axe de la came est dans l'axe du poussoir, le profil de la came est le même pour la levée que pour la retombée ; si la came est **désaxée**, comme (fig. 218), les profils sont différents et le profil de retombée doit être établi en tenant compte du temps que l'on accorde à cette retombée.

M. Lacoin, dans son livre *Construction et réglage des moteurs à explosions* donne les épures de ces cames et une formule pour le calcul de la force des ressorts : soit P le poids minimum des pièces en mouvement ; la force du ressort doit être supérieure à :

$$\frac{0.24\ \mathrm{P}l}{1.000\ \mathrm{t}^2}$$

l étant la levée de la soupape exprimée en millimètres et T le temps, en secondes ou fractions de seconde, accordé pour la retombée.

Le désaxement des cames comme figure 218, a l'avantage de diminuer la poussée sur l'arbre à came et l'usure des articulations.

Nos lecteurs pourront consulter utilement le livre de M. Lacoin en ce qui concerne spécialement les cames de moteurs d'automobiles : nous allons donner, ci-après, une méthode générale pour le tracé des cames quelconques.

Une came peut être en mouvement rectiligne ou en mouvement circulaire d'un rayon plus ou moins grand ; elle peut attaquer simultanément plusieurs poussoirs et leur imposer des mouvements suivis d'arrêts plus ou moins prolongés dans des positions autres que celle du repos initial : tout cela s'obtient avec un profil convenablement établi.

Il faut d'abord déterminer le temps accordé pour un cycle complet du mouvement de la came, c'est-à-dire une course rectiligne ou un tour complet de rotation.

Sur une droite *ox* (fig. 219), que nous supposons divisée en *n* parties égales, soit 360 millimètres par exemple, nous porterons les portions de temps nécessaires à chaque mouvement du poussoir et sur des lignes verticales *oy*, les déplacements que la came devra imposer au poussoir. Nous obtenons ainsi une courbe qui est le profil d'une came animée d'un mouvement rectiligne dans le sens *xo*. Pour obtenir ce mouvement avec une came animée d'un mouvement de rotation, il suffit de mesurer *en millimètres* les distances *oa*, *ab*, etc. et de les reporter sur un cercle (fig. 219) selon les 360 degrés du cercle, puisque dans notre dessin nous avons pris 1 millimètre égale un degré. À partir de la circonférence, on prendra sur les rayons du cercle les longueurs positives ou négatives des ordonnées *oy* ; il suffira de réunir les points ainsi obtenus par une courbe continue pour avoir le profil de la came.

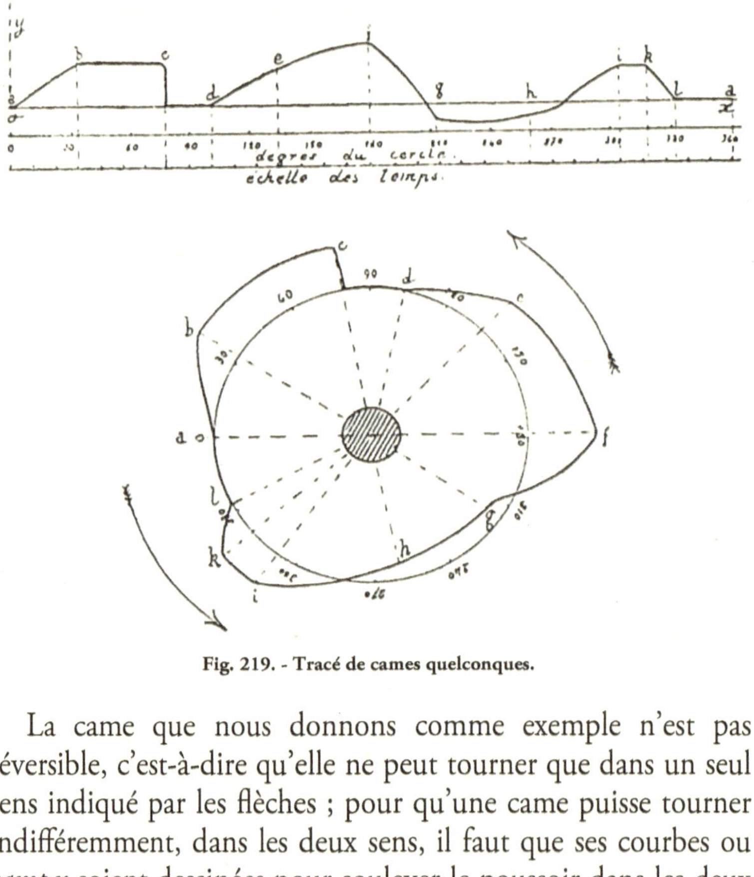

Fig. 219. - Tracé de cames quelconques.

La came que nous donnons comme exemple n'est pas réversible, c'est-à-dire qu'elle ne peut tourner que dans un seul sens indiqué par les flèches ; pour qu'une came puisse tourner indifféremment, dans les deux sens, il faut que ses courbes ou *rampes* soient dessinées pour soulever le poussoir dans les deux sens de marche.

Le profil théorique de la came (fig. 219) suppose que l'action se fait sur un poussoir idéal de diamètre nul qui peut être à peu près réalisé par un couteau en acier trempé sujet à une usure rapide.

L'emploi d'un galet supprime cet inconvénient, mais il faut alors tenir compte du diamètre du galet en considérant que le profil théorique de la came agit sur le centre du galet. Il suffit de tracer une ligne parallèle intérieurement au profil théorique, à une distance égale au rayon du galet.

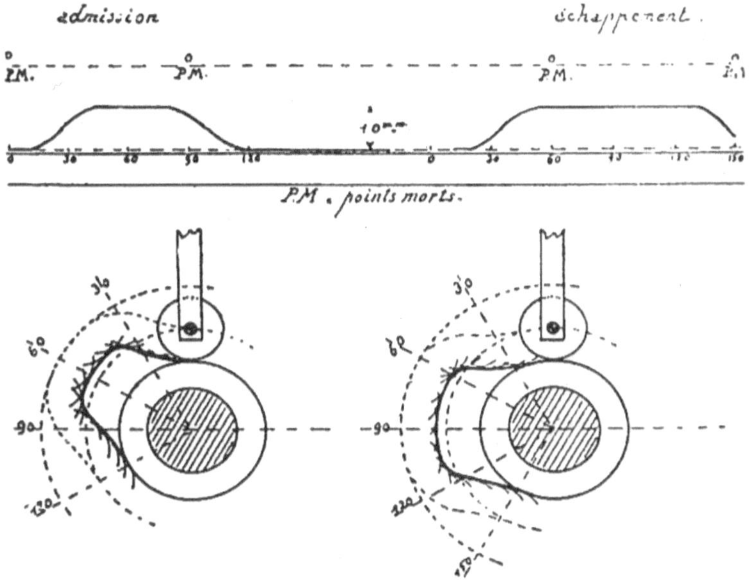

Fig. 220 et 221. - Cames pour levée de soupapes.

Dans la figure 220, montrant une came pour moteur à explosions avec poussoir à galet, nous avons indiqué le tracé de la came réelle obtenu en portant des arcs de cercle, avec un rayon égal au rayon du galet, tout autour de la came théorique. On trace la courbe tangente à ces arcs de cercle, qui donne le profil de la came réelle.

Pour l'épure d'une telle came, on calcule *le temps d'un tour* : pour un moteur à quatre temps, par exemple, faisant 1.200 tours par minute, 600 tours de la came, soit un dixième de seconde par tour. Ce dixième de seconde représente 360 degrés du cercle qui sont répartis à peu près comme suit :

Pour l'admission :	retard à l'ouverture,	10°
	« à la fermeture,	20°
	ouverture	100°.

Pour l'échappement :	avance à l'ouverture,	40°
	retard à la fermeture,	5°
	ouverture,	135°

Les figures 220 et 221 munirent les épures et tracés de ces deux cames et le profil définitif pour la commande du poussoir par galet. La levée de chaque soupape est de 5 millimètres dans nos dessins.

CHAPITRE XII

RESSORTS

Calcul des ressorts. — Les formules donnant les charges d'extension, de flexion ou de torsion admissibles sur un ressort, ont été établies par *Reuleaux* dans son livre *Le Constructeur*. Nous les reproduirons ci-après en désignant par :

- P la charge à admettre sur une extrémité du ressort.
- R_t la charge pratique de résistance à la traction.
- R_c — — au cisaillement : $\frac{4}{5}$ R_t.
- L la longueur des lames, barres ou fils à partir du point d'encastrement ou de fixation du ressort.
- *l* la largeur des lames, barres ou fils à partir du point d'encastrement ou de fixation du ressort.
- *e* l'épaisseur des lames, barres ou fils à partir du point d'encastrement ou de fixation du ressort.
- *r* le rayon moyen des ressorts cylindriques ou le plus grand rayon moyen des ressorts coniques.
- E le coefficient d'élasticité à la traction (20 kilogrammes pour l'acier).
- N le nombre de lames superposées ou de spires.
- C le coefficient d'élasticité au cisaillement (12 kilogrammes pour l'acier).
- F la flèche sous la charge P, les longueurs étant exprimées en millimètres et les charges en kilogrammes.

Sur un ressort quelconque, la charge doit être calculée de façon qu'elle ne produise pas de déformation permanente, c'est-à-dire telle que le ressort ne dépasse pas la plus grande flexion, extension ou torsion limite. Un ressort doit toujours être installé de manière que sa flexion, extension ou torsion soit limitée par une butée ou arrêt, afin de prévenir sa déformation ou sa rupture par efforts exagérés qui dépasseraient la capacité de **flexibilité du ressort.**

Le coefficient de flexibilité d'un ressort est la quantité, en millimètres, dont il s'affaisse sous une charge donnée, par exemple 100 kilogrammes.

Barre cylindrique (fig. 222-4). — Une barre cylindrique ou arbre de longueur L et de diamètre *d*, soumis à la torsion par une force P, appliquée à un rayon *r* fait ressort d'après les relations suivantes :

$$P = \frac{\pi d^3 R_c}{16r} ; \qquad F = \frac{32r^2 LP}{\pi d^4 C} .$$

On admet ici que le métal travaille au cisaillement. (Voir *Résistance des matériaux. Vol. I.*)

Ressorts à lames plates travaillant à la flexion transversale. — Représentés par les figures 223 à 235, ils sont généralement composés de plusieurs lames de longueur décroissante dont la figure 230, montre la section droite ; les champs des lames sont arrondis et elles sont maintenues en face les unes des autres par un ou plusieurs rivets nommés **étoquiaux** et par une ou deux brides au milieu ou à l'encastrement d'extrémité.

La lame supérieure, plus épaisse que les autres ou doublée, se nomme **maîtresse lame**, ou **maîtresse feuille.**

Certains constructeurs, pour empêcher le déplacement des lames les unes par rapport aux autres les munissent d'une nervure longitudinale représentée en coupe figure 231.

La charge que peut supporter un ressort à lames superposées est :

$$P = N \frac{le^2 R_c}{6L}$$

(L est la demi-longueur d'un ressort à rouleaux ; sa charge totale sera donc 2 P.)

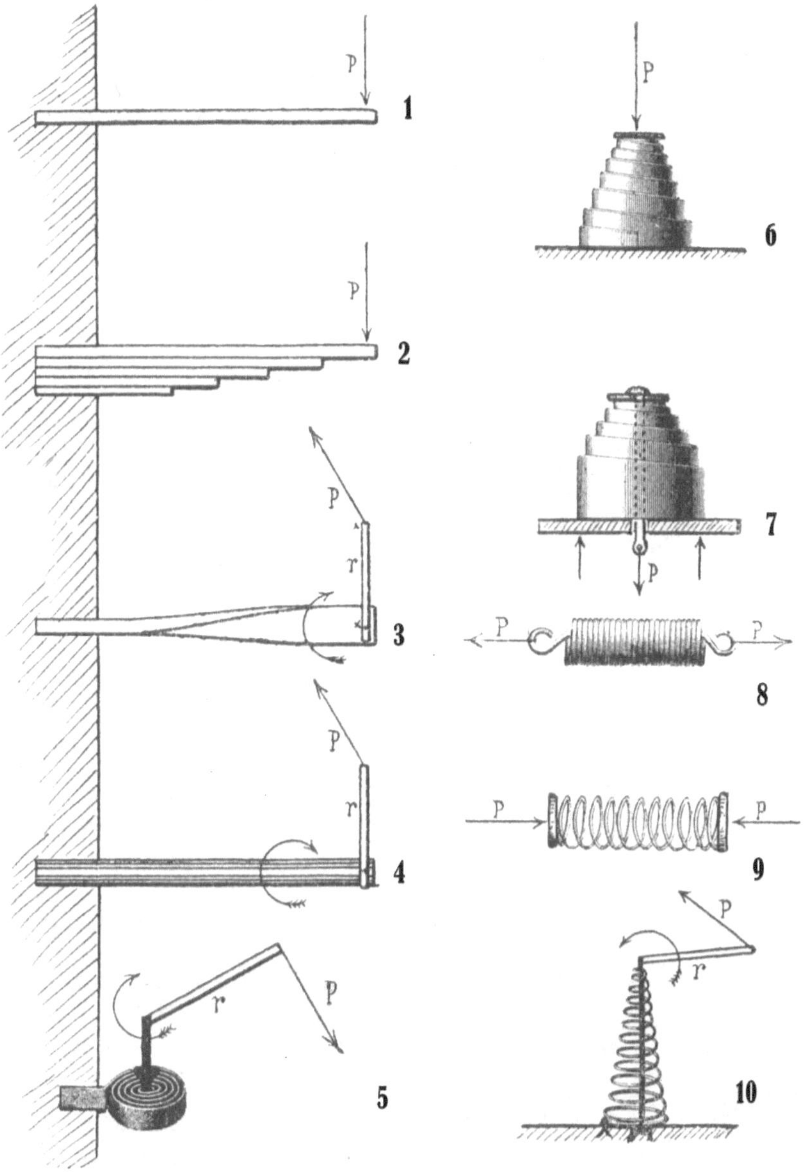

Fig. 222. - Ressorts.

1. Demi-ressort formé d'une simple lame. — 2. Demi-ressort à 5 feuilles superposées. — 3. Ressort plat travaillant à la torsion. — 4. Barre cylindrique soumise à la torsion. — 5. Ressort en spirale avec axe central. — 6. Ressort conique travaillant à la compression — 7. Ressort conique en compression par une barre centrale de traction. — 8. Ressort à boudin soumis à la traction. — 9. Ressort à boudin soumis à la compression. — 10. Ressort à boudin soumis à la torsion.

Fig. 223. - Ressort pour locomotives ou wagons.

Fig. 224. - Ressort de choc pour tramways.

Fig. 225. - Ressort à glissement ; se fait aussi avec rouleau d'un côté.

Fig. 226. - Ressort à rouleaux.

Fig. 227. - Ressort à pincettes.

Fig. 228. - Demi-pincettes.

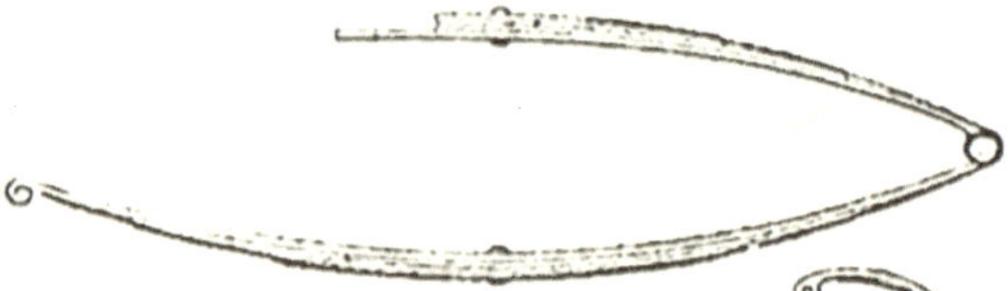

Fig. 229. - Ressort en G ou à crosse.

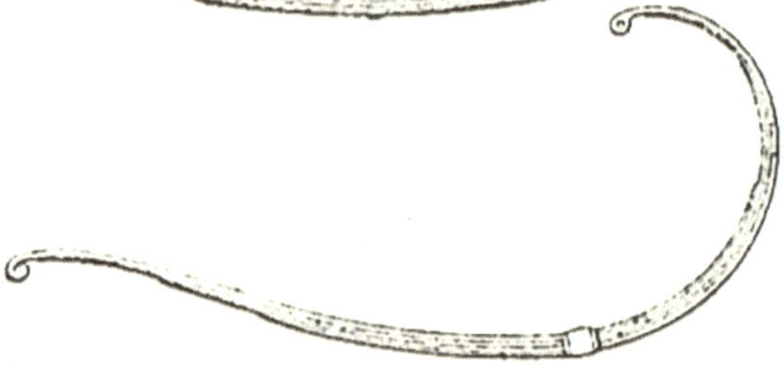

Fig. 223 à 229. - Ressorts de voitures, wagons et locomotives.

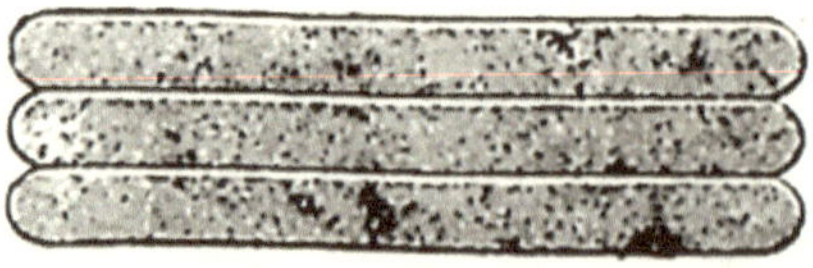

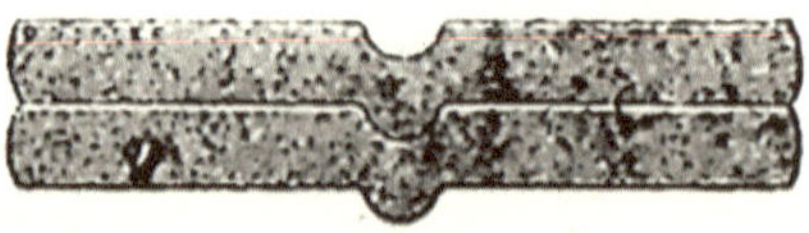

Fig. 230 et 231. - Coupes en travers de ressorts à lames.

Le tableau suivant dû aux *E^ts Lemoine à Paris*, donne les **flexions maxima** que peuvent subir les ressorts de la meilleure qualité sans perdre leur flèche normale, en millimètres :

ÉPAISSEUR DES LAMES	LONGUEUR DES MAÎTRESSES-LAMES						
	800	850	900	950	1000	1050	1100
5	150	175	190	220	210	260	280
6	132	150	165	180	200	220	240
7	114	130	144	160	178	195	216
8	100	110	125	140	156	170	189
9	88	100	112	124	138	152	168
10	78	90	100	110	123	135	150

Essais et comparaison des ressorts. — Pour essayer un ressort on commence par mesurer l'épaisseur de la maîtresse-feuille, ainsi que sa longueur développée d'axe en axe des trous des mains ou de rouleaux : on cherche dans la première cotonne verticale du tableau ci-dessus l'épaisseur trouvée pour la maîtresse-feuille, et l'on suit la ligne verticale sur laquelle est cette épaisseur, jusqu'à sa rencontre avec la cotonne horizontale ayant pour en-tête la longueur développée de la maîtresse-feuille considérée : le chiffre inscrit au point de rencontre exprime en millimètres la flexion que l'on doit faire subir au ressort.

On mesure a vide la flèche du ressort, et on place ses deux extrémités sur deux chariots mobiles A et B (fig. 233) ; on dispose une cale C de façon que la hauteur DC soit égale à la flexion que l'on vient de trouver dans le tableau. Puis, à l'aide d'un levier, on fait fléchir le ressort jusqu'à ce qu'il vienne toucher la cale C. On laisse le ressort se redresser et on mesure sa flèche ; elle ne doit pas avoir varié.

Pour les ressorts à pincettes, on doit séparer les deux ressorts assemblés et essayer chacun d'eux isolément, comme il est dit ci-dessus.

M. le *capitaine Renaud*, auteur de nombreux travaux sur la suspension et la construction des automobiles donne pour les ressorts à rouleaux les formules simples suivantes : la *flexibilité*

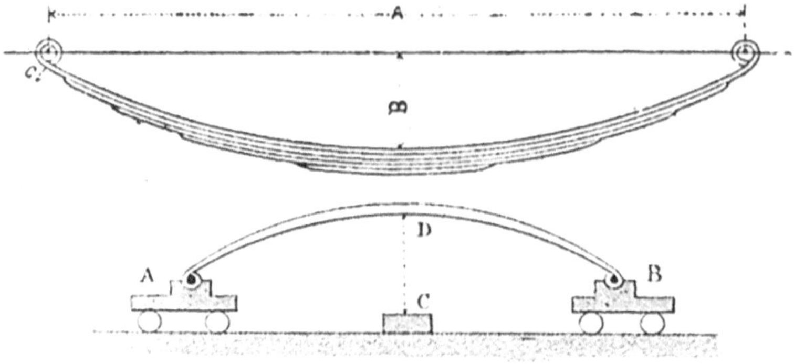

Fig. 232 et 233. - Manière de mesurer et essayer les ressorts à lames.

est donnée par la relation $f = F / P$, F étant la flexion limite exprimée en millimètres carrés par la relation :

$$F = \frac{L^2E}{4e}$$ et P la charge en kgs.

(Dans cette formule L est la longueur totale de la maîtresse-feuille ; E l'allongement élastique du métal = 0,005 pour l'acier à ressort ; *e* l'épaisseur de la maîtresse-lame).

En adoptant la notation indiquée au début de ce chapitre : L = demi-longueur de la maîtresse-lame, cette formule devient :

$$F = \frac{L^2E}{e}$$

M. le *capitaine Renaud* dit que plus les véhicules sont lourds, moins il faut donner de flexibilité aux ressorts : 6 à 8 millimètres sur les camions et gros omnibus ; 20 à 40 millimètres sur les voitures de tourisme.

D'après les *formules de Releaux*, la flèche sous charge est :

$$F = \frac{6\,L^3}{Nle^3}\,\frac{P}{E}$$

et la flèche maxima :

$$F_m = \frac{L^2R}{N\,e\,E}$$

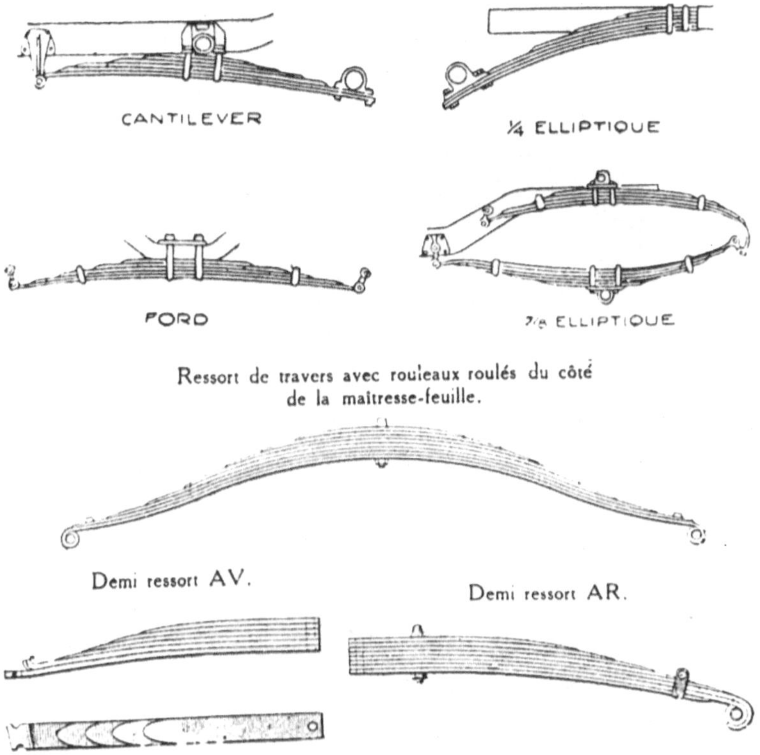

Fig. 234 et 235. - Ressorts d'automobiles.

Ici nous considérons le cas d'un ressort à lames superposées, encastré par une de ses extrémités ; c'est le cas du ressort cantilever ou quart elliptique (fig. 234). Le ressort à rouleaux doit être considéré comme formé de deux ressorts encastrés au milieu de la longueur totale 2 L.

Pour commander un ressort à lames, il faut indiquer au constructeur :

1° - La forme des rouleaux (fig. 226) et le genre de ressort.

2° - Le nombre des feuilles.

3° - L'épaisseur des feuilles.

4° - La largeur des feuilles.

5° - (A) La longueur prise de centre en centre des rouleaux (fig. 232).

6° - (B) La flèche mesurée de la maîtresse-feuille à 1 ligne passant par le milieu des rouleaux (fig. 232).

7° - (C) Le diamètre des trous de boulons (fig. 232).

Les ressorts à lames sont assemblés aux *mains* du châssis et entre eux par des **jumelles** et par des **menottes** (fig. 237) dans le cas d'un ressort transversal.

Fig. 236. - Brides et plaque pour fixation des ressorts sur les patins d'essieux.

Quelques constructeurs mettent des lames de cuivre jaune entre les lames d'acier des ressorts et un dispositif de lubrification. On entoure les ressorts d'automobiles de gaines en cuir pour les préserver de la poussière.

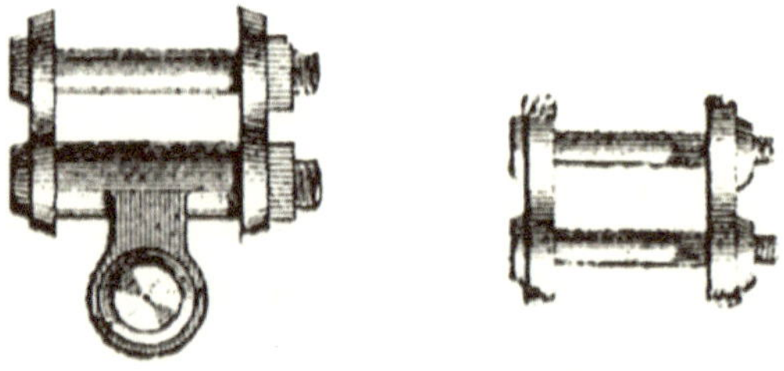

Fig. 237. - Menottes de ressorts

Voir *Vol. I* les **boulons graisseurs** pour mains et jumelles. Les tableaux ci-après dus aux *E*[ts] *Lemoine à Paris*, donnent les dimensions et charges pratiques des ressorts pour voitures automobiles.

Ressorts à boudins. — On les fait en fil rond ou en lames enroulées sur champs, figures 238 à 245 ; pour supporter de grands efforts, on met deux ou trois ressorts concentriques comme figures 241 et 244.

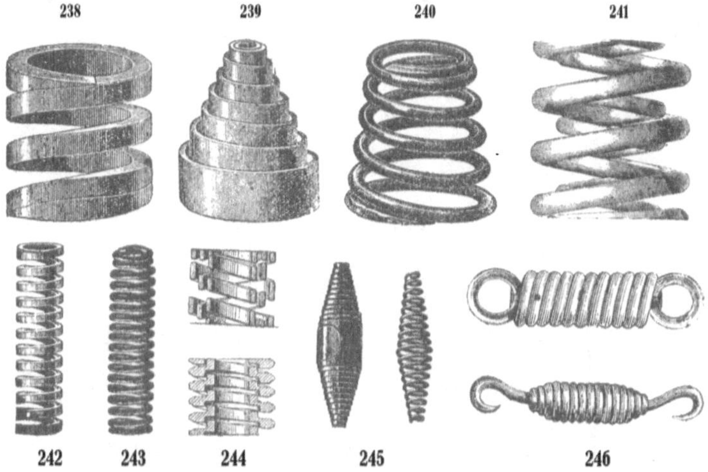

Fig. 238 à 241. - Ressorts de compression ou de choc.

Fig. 242 à 245. - Ressorts de compression.

Fig. 246. - Ressorts de traction.

Les **ressorts de choc** ou travaillant à la compression ont une certaine distance entre leurs spires ; ceux destinés à travailler à la **traction ou extension**, figure 246, ont leurs spires serrées les unes contre les autres.

La charge d'un *ressort de traction en fil rond est*, figure 222, 8 :

$$P = \frac{\pi d^3}{16 r} R_c,$$

d étant le diamètre du fil rond ; ici, le métal travaille au cisaillement, ainsi que dans tous les ressorts à boudin.

La flèche ou extension sous charge est :

$$F = \frac{32 P r^2 L}{\pi C d^4} \text{ ou } F = \frac{64 N r^3 P}{C d^4}$$

(la longueur L est celle du fil mesuré étendu rectiligne).

CHARGES totales	CHARGES par ressort		LONGUEURS en charge	LONGUEURS développées	LARGEURS	FLÈCHES EN CHARGE acier compris	NOMBRE de feuilles	ÉPAISSEURS								FLEXIBILITÉ
500	AV	110	750	»	30	38	4	6 1/2	6	6	6					24
	AR	140	900	»	35	35	5	6 1/2	5 1/2	5	5	5				44
720	AV	190	800	»	40	90	5	6 1/2	6	6	6	5 1/2				20
	AR	170	1000	»	40	93	6	7	6 1/2	6	6	5 1/2	5			30
820	AV	190	800	»	40	90	5	6 1/2	6	6	6	5 1/2				20
	AR	220	1000	»	40	93	6	7	6 1/2	6	6	5 1/2	5			30
820	AV	225	800	»	40	75	6	7	6 1/2	6	6	5 1/2	5			16
	AR *a*	185	1100	»	40	268	6	7 1/2	7	6 1/2	6 1/2	6	6			45
			565				6	8	7	7	6 1/2	6	6			
840	AV	170	900	»	40	60	6	7 1/2	7	6 1/2	6 1/2	6	6			17 à 18
	AR *a*	250	1150	»	40	305	7	7	6 1/2	6 1/2	6	6	6	5 1/2		42
			390				5	7 1/2	6 1/2	6	6	5 1/2				
980	AV	170	900	»	40	53	6	7	6 1/2	6 1/2	6 1/2	6	5 1/2			18 à 20
	AR *a*	320	1300	»	40	365	8	8	7 1/2	7 1/2	7	7	7	6 1/2	6 1/2	35
			665				8	8	7 1/2	7 1/2	7 1/2	7 1/2	7	7	6 1/2	
1020	AV	210	»	900	50	72	6	7	6 1/2	6	5 1/2	5	5			18
	AR *a*	300	»	1100	50	246	6	7	6 1/2	6	6	6	5 1/2			35
			450				5	7 1/2	6 1/2	6	6	5 1/2				
1050	AV	200	900	»	40	90	6	7 1/2	7	6 1/2	6 1/2	6 1/2	6			16
	AR *a*	325	1100	»	40	278	7	8	7 1/2	7	7	6 1/2	6	6		22
			565				7	8	7 1/2	7 1/2	7	7	6 1/2	6 1/2		
1060	AV	200	850 *c*	»	40	65	6	7 1/2	7	6 1/2	6 1/2	6	6			14 à 14 1/2
	AR *a*	330	1250 *d*	»	45	262	7	7	7	7	7	6 1/2	6 1/2	6		30 1/2
			520				6	7 1/2	7	7	6 1/2	6 1/2	6			
1100	AV	200	800	»	40	98	6	6 1/2	6	6	5 1/2	5	5			18 à 20
	AR	350	1200	»	50	105	8	7 1/2	7	6 1/2	6 1/2	6	6	6	5 1/2	24 à 25
1100	AV	250	800	»	45	60	6	7	6 1/2	6 1/2	6	6	5 1/2			12
	AR *a*	300	1200	»	60	230	7	7 1/2	6 1/2	6 1/2	6 1/2	6	5 1/2			30 1/2
			400				5	7 1/2	6 1/2	6	5 1/2	5				
1100	AV	200	850 *c*	»	40	64 1/2	6	7 1/2	7	6 1/2	6 1/2	6	6			14 à 14 1/2
	AR *a*	350	1245 *e*	»	45	255	8	7	7	7	7	6 1/2	6 1/2	6 1/2	6	35 1/2
			520				7	7 1/2	7	7	6 1/2	6 1/2	6 1/2	6		

CHARGES totales	CHARGES par ressort		LONGUEURS en charge	LONGUEURS développées	LARGEURS	FLÈCHES EN CHARGE acier compris	NOMBRE de feuilles	ÉPAISSEURS										FLEXIBILITÉ
1100	AV	230	850 *c*	»	40	85 1/2	6	7 1/2	7	7	6 1/2	6 1/2	6					13,5
	AR *a*	325	1245 *e*	»	45	270	8	7 1/2	7	6 1/2	6 1/2	6 1/2	6	6	6			36,5
			500				6	8	7	7	7	6 1/2	6					
1160	AV	240	900	»	45	60	6	7 1/2	7	6 1/2	6	6	5 1/2					16
	AR *a*	350	1100	»	45	215	7	7 1/2	7	6 1/2	6 1/2	6	6	5 1/2				30
			415				6	8	7	7	6 1/2	6	6					
1300	AV	250	800	»	40	103	6	6 1/2	6	6	5 1/2	5 1/2	5					18 à 20
	AR	400	1200	»	50	110	8	7 1/2	7	7	6 1/2	6 4/2	6 1/2	6	6			22
1320	AV	260	800	»	40	75	6	7	6 1/2	6	6	5 1/2	5					16
	AR *a*	400	1100	»	40	250	8	8	7 1/2	7 1/2	7	7	6 1/2	6	6			27 1/2
			565				8	8	7 1/2	7 1/2	7	7	7	6 1/2	6 1/2			
1330	AV	290	900	»	40	96	7	7 1/2	7	7	6 1/2	6 1/2	6	5 1/2				14
	AR *a*	375	1200 *f*	»	45	272	9	7 1/2	7 1/2	7	7	6 1/2	6 1/2	6 1/2	6	6		25
			410				6	8	7 1/2	7	6	6	5 1/2					
1340	AV	370	950 *g*	»	50	90	7	7 1/2	7	6 1/2	6 1/2	6	6	5 1/2				14 à 15
	AR *b*	300	1260 *h*	»	50	95	7	7 1/2	7	6 1/2	6	6	6	5 1/2				45 1/2
			975			85	6	7 1/2	6 1/2	6 1/2	6	5 1/2	5					
1500	AV	300	1000	»	50	110	7	7	6 1/2	6 1/2	6	6	6	5 1/2				18 à 19
	AR	450	1300	»	50	130	9	8	7 1/2	7 1/2	7 1/2	7 1/2	7	7	7	6 1/2		19
	AV	350	900	»	50	105	6	7 1/2	7	6 1/2	6 1/2	6	6					13
1500	AR *a*	400	1200	»	50	315	7	7	6 1/2	6 1/2	6 1/2	6	6	5 1/2				37,5
			480				7	8	7 1/2	7	7	6 1/2	6	6				
1550	AV	475	1000 *j*	»	50	88	9	8	7 1/2	7 1/2	7	7	7	6 1/2	6 1/2	6		11 à 11 1/2
	AR *b*	300	1375 *k*	»	55	70	7	7 1/2	7	7	7	6 1/2	6 1/2	6				45
			1050	»	55	80	6	7 1/2	6 1/2	6	6	5 1/2	5					
1700	AV	350	900	»	50	105	6	7 1/2	7	6 1/2	6 1/2	6	6					13
	AR *a*	500	1200	»	50	315	7	7	6 1/2	6 1/2	6 1/2	6	6	5 1/2				37,5
			480				7	8	7 1/2	7	7	6 1/2	6	6				
1700	AV	350	900	»	50	81	7	7 1/2	7	7	6 1/2	6 1/2	6	5 1/2				10 à 11
	AR *a*	500	1350 *m*	»	55	320	10	8	7 1/2	7 1/2	7 1/2	7	7	7	7	6 1/2	6 1/2	22 à 23
			540				9	8 1/2	8	7 1/2	7 1/2	7 1/2	7	7	7	6 1/2		
1700	AV	400	900	»	45	60	7	8	7 1/2	7	7	6 1/2	6 1/2	6				10 à 11

CHARGES totales	CHARGES par ressort		LONGUEURS en charge	LONGUEURS développées	LARGEURS	FLÈCHES EN CHARGE acier compris	NOMBRE de feuilles	ÉPAISSEURS										FLEXIBILITÉ
1700	AR *a*	450	1300 *n*	»	50	260	9	7 1/2	7	6 1/2	6 1/2	6 1/2	6 1/2	6	6	5 1/2		35
			540	»	50		7	8	7	7	7	6 1/2	6 1/2	6				
1800	AV	400	1000	»	45	63,5	7	8	7 1/2	7	7	6 1/2	6 1/2	6				14
	AR *a*	500	1300	»	45	390	9	7 1/2	7	7	6 1/2	6 1/2	6 1/2	6 1/2	6	6		42
			650				9	8	7	7	6 1/2	6 1/2	6 1/2	6 1/2	6	6		
1840	AV	430	1000	»	45	89	8	8	7 1/2	7	7	7	7	6 1/2	6			12
	AR	490	1300	»	65	75	8	7 1/2	7	6 1/2	6 1/2	6 1/2	6	6	5 1/2			24 1/2
1900	AV	350	800	»	50	70	6	7 1/2	7	6 1/2	6	5 1/2	5 1/2					10 à 11
	AR	600	1300	»	70	80	8	8	7 1/2	7 1/2	6 1/2	6 1/2	6	6	5 1/2			19
1900	AV	400	»	900	50	70	8	7	6 1/2	6 1/2	6 1/2	6	6	6	5 1/2			12
	AR *a*	550	»	1300	55	250	8	7 1/2	7	7	6 1/2	6 1/2	6	6	6			34
			450				6	8	7	6	6	5 1/2	5 1/2					
2060	AV	550	900	»	50	65	8	7	6 1/2	6 1/2	6 1/2	6 1/2	6	6	6			11
	AR	480	1300	»	50	101	9	7 1/2	7	7	7	7	6 1/2	6 1/2	6	6		24 à 25
2350	AV	525	1050 *p*	»	60	70	7	8	7	6 1/2	6 1/2	6 1/2	6	6				13 à 14
	AR *b*	650	1500 *r*	»	70	90	9	9	8	8	8	8	7 1/2	7 1/2	7	7		24
			1090	»	70	90	7	8	7	6 1/2	6 1/2	8	6	6				
3000	AV	400	900	»	60	90	7	7 1/2	7	6 1/2	6 1/2	6	6	5 1/2				9 à 10
	AR	1100	1600	»	40	100	10	9 1/2	9	9	8 1/2	8 1/2	8	8	8	8	8	12 à 13

LA LONGUEUR DES CROSSES EST INDIQUÉE DU GOUJON D'ASSEMBLAGE A L'AXE DU ROULEAU

a	Ressort 1/2 pincette à crosse.		
b	2 ressorts longitudinaux......		
	1 ressort transversal.........		
c	Goujon déporté.............	400	450
d	— —	677	573
e	— —	675	570
f	— —	650	550
g	— —	450	500
h	Goujon déporté...........	660	600
j	— —	470	530
k	— —	725	626
m	— —	725	650
n	— —	700	600
p	— —	500	550
r	— —	800	700

Pour les *ressorts en fil carré ou méplat* travaillant *à la compression* on a figure 222. 6 et 7 :

$$P = \frac{2\,e^2\,l}{9\,r}\,R_c\,;$$

$$F = 7{,}2\,\pi\,N\,r^3\,\frac{l^2 + e^2}{l^3\,e^3}\ \text{x}\,\frac{P}{C}$$

Pour les *ressorts en fil rond* travaillant à la compression, fig. 222, 9 :

$$P = \frac{\pi\,d^3}{18\,r}\,R$$

Pour *ressorts coniques* travaillant à la *compression* (ressorts de suspension de wagons ou de choc en fil rond :

$$P = \frac{\pi\,d^2}{16\,r}\,R\,; \qquad F = \frac{16\,r^2\,L\,P}{\pi\,d^4\,C}$$

lames méplates :

$$P = \frac{2\,e^2\,l}{9\,r}\,R\,;\ F = 1{,}8\,r^2\,L\,\frac{e^2 + l^2}{e^3\,l^3}\ \text{x}\,\frac{P}{C}$$

Les **ressorts à boudin** sont fréquemment employés pour **travailler à la torsion** (lig. 222, 5 et 10) ; on a alors :

Pour fil rond :

$$P = \frac{\pi\,d^3\,R_t}{32\,r}\,; \qquad F = 64\,\frac{P\,L\,r^2}{E\,\pi\,d^4}$$

Pour fil rectangulaire :

$$P = \frac{l\,e^2\,R_t}{6\,r}\,; \qquad F = 12\,\frac{P\,L\,r^2}{E\,l\,e^3}$$

Ici le fil travaille **à la traction.**

M. Pierart a donné dans la *Technique Moderne*, les règles suivantes pour l'établissement des ressorts à boudin :

1° Les diamètres des fils doivent être proportionnels aux rayons d'enroulement.

2° Les charges pour chaque ressort sont proportionnelles aux carrés des rayons d'enroulement.

3° Ces mêmes charges sont proportionnelles aux carrés des diamètres des fils.

M. *Nachtergal* applique ces règles au calcul des ressorts de bogies de wagons (*Voir tome III. N° du 11 novembre 1911 de la Technique Moderne*).

Pour commander un ressort à boudin, indiquer :
– le genre d'effort : traction, compression ou torsion,
– la charge maxima imposée,
– le diamètre extérieur du ressort *au repos.*
– la longueur du ressort *au repos,*
– la longueur du ressort *chargé.*

D'après M. *Henri Féron* (*Formulaire de l'automobile*) un ressort d'acier peut emmagasiner un travail d'un kilogrammètre par kilogramme de son poids.

Ressorts en spirale, (fig. 222, 5). Ici. la lame travaille à la traction, on a :

$$P = \frac{l e^2 R_t}{6 r} \qquad F = \frac{12 P L r^2}{E l e^3}$$

r étant ici le rayon du cercle sur lequel agit le poids P pour enrouler le ressort, l'axe de ce cercle étant au centre du ressort spiral, comme dans un barillet d'horloge.

Aciers spéciaux pour ressorts. — Les meilleurs aciers pour la fabrication des ressorts sont mangano-siliceux, trempés à l'huile ou l'eau à 850 degrés (orangé ou cerise foncé) et revenus à 450 degrés environ (bois brûlant).

(*Voir nomenclature des aciers aux volumes II et VIII.*)

Détermination d'un Ressort de Compression. — Pour déterminer exactement, dans une commande, un ressort de compression de forme cylindrique, il faut indiquer :

1° La nature du métal ;

2° La section du métal (rond, carré, trapèze, méplat, etc.) ;

3° La longueur du ressort libre ;

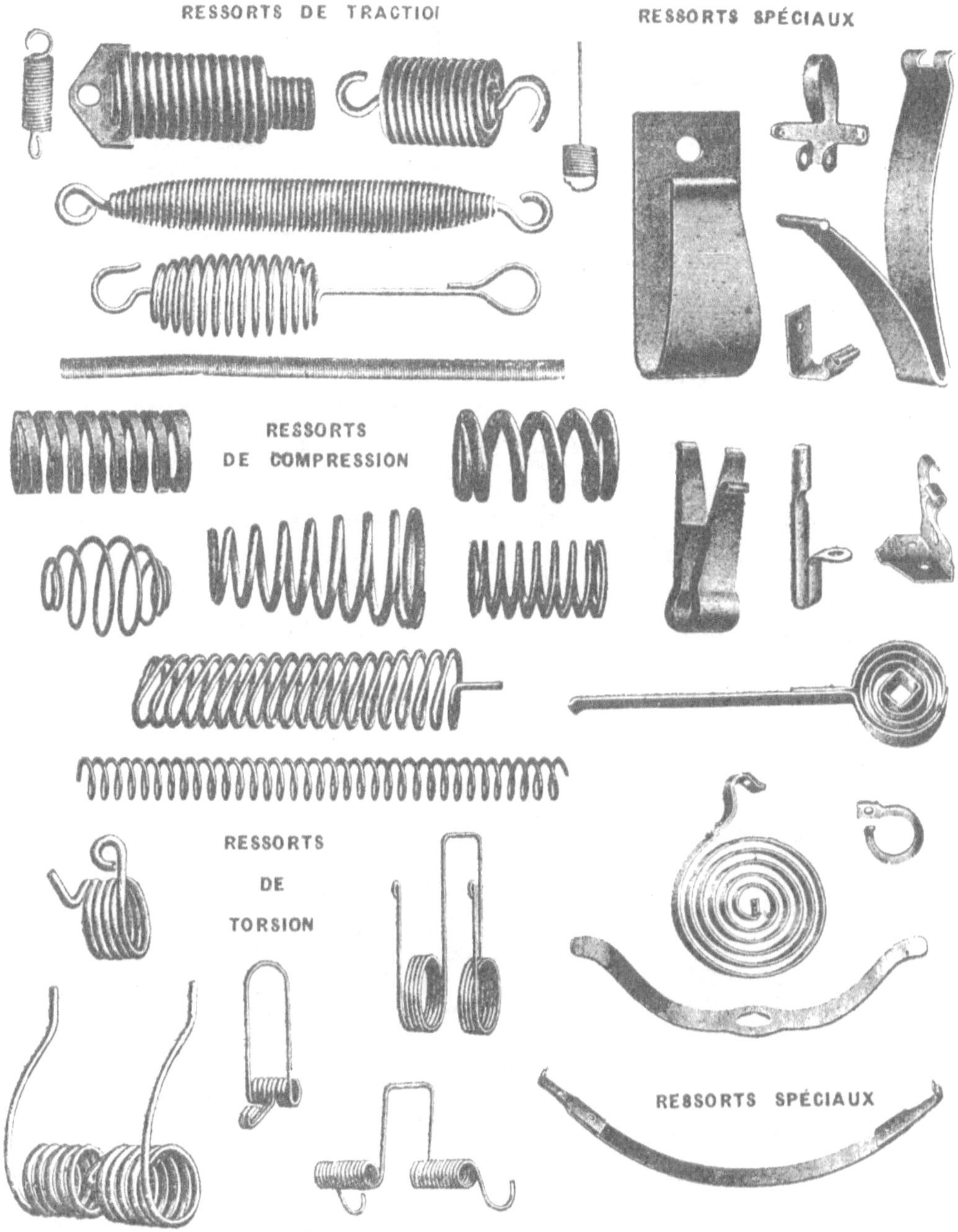

Fig. 247. - Ressorts divers.

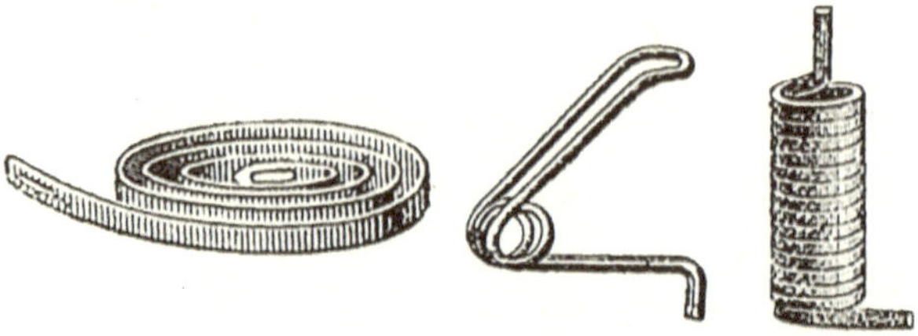

Fig. 248. - Ressorts travaillant à la traction ou torsion.

4° Le diamètre, en insistant sur le diamètre intérieur, si le ressort fonctionne sur une tige, ou sur le diamètre extérieur, si le ressort fonctionne dans un logement.

5° Le nombre des spires, compté de pointe à pointe, comme l'indiquent les croquis *a* et *b*. figure 249 :

6° La façon des extrémités qui peuvent être meulées ou non meulées, rapprochées ou non rapprochées, suivant qu'on désire un appui plus ou moins parfait sur la base du ressort.

Pour les ressorts de forme spéciale, il faut un dessin ou un modèle dans chaque cas particulier.

Détermination d'un Ressort de Traction. — Pour déterminer un ressort de traction, il faut indiquer, croquis c, figure 249 :

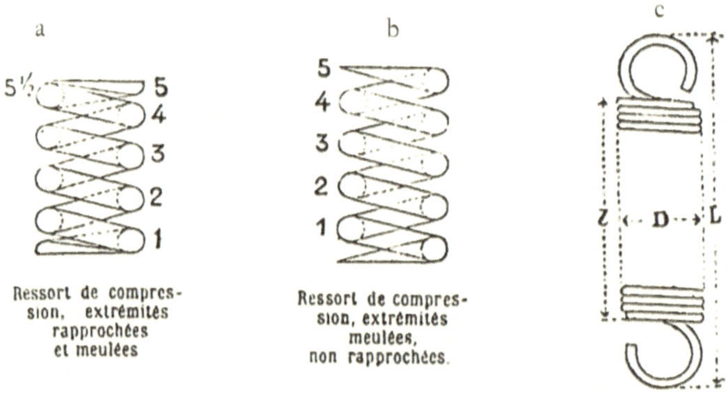

Fig. 249. - Dimensions des ressorts à boudin

1° La nature du métal ;

2° La section ;

3° La longueur *l* du corps du ressort ;

4° La longueur L totale du ressort ;

5° Le diamètre D ;

6° La forme exacte des crochets ou des anneaux d'extrémités.

Ce dernier point a une grande importance, parce qu'il existe pour ce genre de ressorts une très grande variété de systèmes d'attaches, dont quelques-uns sont figurés fig. 246 et 247.

Les tableaux ci-dessous donnent d'après M. Fruchart les dimensions des ressorts à boudin usuels à la compression.

RESSORTS DE COMPRESSION, FIL ACIER CARRÉ					
FIL d	LONGUEUR L	DIAMÈTRE extérieur : D e	NOMBRE DE SPIRES utiles : n	FLEXIBILITÉ	
				Charge P	Flèche F
4 %	54 m/m	26 m/m	7 ¾	20 k.	4 m/m
5	68	31	7 ½	50	7
6	83	36	8	100	11
8	116	50	8	100	9,5
10	153	62	8 ½	200	16
11	165	65	9	200	12,5
12	178	68	9	300	15
13	192	73	9	400	18
15	207	79	8 ¾	500	15
16	223	84	9	500	14,5
18	240	94	8 ½	1000	23
20	260	106	8 ¼	2000	43
25	295	129	7 ½	4000	56
30	345	160	7 ¼	5000	64

RESSORTS DE COMPRESSION, FIL ACIER ROND					
FIL d	LONGUEUR L	DIAMÈTRE extérieur : D e	NOMBRE DE SPIRES utiles : n	FLEXIBILITÉ	
				Charge P	Flèche F
1 %	21 m/m	7 m/m	9 ¾	2 k.	4,5 m/m
2	32	14	7 ¼	5	8,5
3	44	19	7 ½	10	12
4	57	26	8 ¾	20	7,5
5	71	31	9	50	13,5
6	86	36	9 ½	50	10,5
7	102	41	9 ¾	50	8,5
8	119	48	9 ¾	100	16
9	137	55	8 ½	100	13,5
10	156	60	9	100	12
12	176	66	9	200	14,5
14	197	72	9	300	14,5
16	219	80	9	400	15,5
18	242	90	8 ¾	500	16,5
20	266	100	8 ¾	1000	30
22	291	112	8 ½	2000	56
25	317	125	8 ¼	3000	67
28	344	138	8	4000	74
30	372	150	8	5000	91

Rondelles Belleville. — Employées pour donner une certaine élasticité au serrage d'un organe qui doit observer une petite mobilité, les rondelles Belleville, réalisent automatiquement le rattrapage de jeu dans les accouplements à rotule, à cardan, les embrayages élastiques, etc.

Elles sont formées de disques en acier à ressorts emboutis en forme de tronc de cône et trempés (fig. 250). Pour obtenir une assez grande élasticité, on superpose plusieurs séries de rondelles Belleville, comme le montre la figure 250.

Le trou central de la rondelle doit être un peu plus grand que n'est le diamètre de la tige du boulon afin que, en s'aplatissant, la rondelle, dont les molécules travaillent à la compression au centre et à l'extension à la circonférence, ne soit pas serrée sur le boulon, ce qui la ferait éclater.

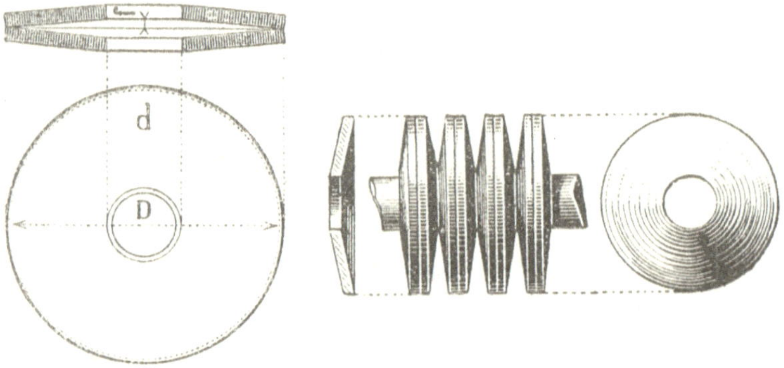

Fig. 250. - Rondelles Belleville.

La rondelle est déterminée par (fig. 250) :
D = diamètre extérieur
d = diamètre du trou central
e = épaisseur du métal
f = flèche d'une seule rondelle.
La charge P en tonnes = 100 D — 8

$$D = \frac{P + 8}{100}$$ (de 20 à 300 millimètres)

d = 1/3 à 1/4 de D (de 5 à 100 millimètres)
e = 1/12 à 1/16 de D — d (de 0,5 à 20 millimètres)
f = 1/20 à 1/30 de D — d (de 1 à 5 millimètres).

Pour conserver aux rondelles Belleville un bon fonctionnement et une longue durée il faut ne les faire travailler qu'aux 2/3 environ de leur charge totale d'aplatissement ; pour essayer si une rondelle Belleville est de bonne qualité, mesurer sa flèche et la soumettre à l'aplatissement total : la flèche ne doit pas avoir varié et, bien entendu, la rondelle ne doit pas être fendue ni craquée.

Tableaux des dimensions des rondelles Belleville et des charges correspondantes d'aplatissement (d'après *M. P. Nicolle à Montreuil-sous-Bois, Seine.*

D	*d*	e	*f*	Charge d'aplatis en kg	D	*d*	e	*f*	Charge d'aplatis en kg
28	12	1,5	0,8	300	100	25	3	3,2	1350
32	10	2	1	600	100	36	3,8	3	2160
32	10	3	0,6	1350	100	22	4	3	2400
50	20	2,2	1,3	720	100	40	4	2,8	2500
55	16	2	1,5	600	100	30	4	3	2400
55	24	3	1,4	1350	100	26	4,5	2,8	3040
60	27	2	2	600	100	46	4,7	2,4	3310
60	20	2,5	1,5	930	100	36	4,8	2,5	3450
65	33	2	1,8	600	100	27	4,8	2,6	3450
65	33	3	1,5	1350	100	36	5	2,5	3750
70	25	3	2,4	1350	100	31	5	2,5	3750
70	27	3,8	1,8	2160	100	40	6	2,2	5400
70	26	5	1,1	3750	100	36	8	1,8	9600
80	10	2,5	2,4	930	100	36	10	1,3	15000
80	30	2,5	2,1	930	110	41	4	2,8	2400
80	20	2,5	2,2	930	110	52	6,5	1,5	6330
80	36	3,7	2	2050	115	45	5	3	3750
80	27	4,3	1,8	2780	115	48	6	2,6	5400
80	27	5	1,5	3750	115	50	8	1,5	9600
80	25	5,5	1,5	4530	120	30	3	4	1350
80	26	7	1	7350	120	37	3,8	3,8	2160
90	26	3	2,8	1350	120	45	3,8	3,7	2160
90	32	4	2,3	2400	120	40	4	3,5	2400
90	27	4	2,3	2400	120	45	5	3,4	3750
90	26	4,5	2,2	3030	120	42	5	3,5	3750
90	25	5	2	3750	120	36	5	3,5	3750
90	36	5,5	1,8	4530	120	40	6	2,8	5400
120	36	8	2,5	9600	160	52	6,5	4,5	6330
120	31	10	2,2	15000	160	71	6,8	4	6930
130	53	3	4,2	1350	160	56	7	4	7350
130	56	3,5	4	1830	160	60	7,2	3,8	7770
130	26	5	3,5	3750	160	48	7,2	4	7770
130	39	5	3,4	3750	165	46	6	5	5400
130	47	5	3,4	3750	165	42	7	4,3	7350
130	36	5,4	3,2	4370	165	45	8	4,2	9600
130	40	6,2	3	5760	165	80	8,75	4	11480
130	40	8	2,8	9600	165	36	9	4	12150
130	36	10	2,5	15000	165	36	10	3,5	15000
140	60	3,7	4,2	2050	170	60	4	6	5400

D	*d*	e	*f*	Charge d'aplatis en kg	D	*d*	e	*f*	Charge d'aplatis en kg
140	60	4,8	4	3450	170	68	6,5	5	6330
140	36	5	4	3750	170	36	9	4	12150
140	41	5	4	3750	170	36	10	3,5	15000
140	60	6	3,6	5400	180	50	6	6,3	5400
140	45	6	4	5400	180	60	8	4,7	9600
140	41	6,2	4	5760	180	50	9	4	12150
140	36	7	3	7350	180	60	10	3,8	15000
150	61	6	4	5400	200	56	7	6,2	7350
150	50	6	4	5400	200	50	8	6	9600
150	50	6,5	3,8	6330	200	54	10	5	15000
150	38	6,5	4,2	6330	205	90	9	4,8	12150
150	56	7	3,8	7350	205	56	9,5	5	13530
150	60	10	3	15000	205	90	10	4,6	15000
160	60	6	4,5	5400	250	90	8	6,5	9600
160	71	6	4,2	5400	250	90	10	6	15000
9	3,5	0,5	0,5	35	60	21	3,4	1,4	1440
12	4,5	0,6	0,6	55	66	23	3,5	1,5	1830
15	5,5	0,8	0,7	100	72	25	4	1,8	2400
18	6,5	1	0,8	150	81	29	4,5	1,8	3030
24	8,5	1,3	0,9	250	90	32	5	2	3750
30	10,5	1,6	1	380	105	37	5,5	2,5	4500
36	13	1,9	1,1	540	120	42	6	2,8	5400
42	15	2,2	1,2	720	135	47	7	3	7350
48	17	2,5	1,3	930	150	52	8	3,5	9600
54	19	2,8	1,3	1170	180	62	10	3,8	15000

Les rondelles dont les dimensions sont indiquées par le tableau ci-dessus et la figure 250 sont établies selon les règles suivantes :

1° Le diamètre extérieur D est égal à 3 fois le diamètre du trou central *d* ;

2° La charge d'aplatissement correspond approximativement à la tige *d* travaillant à 5 kilogrammes par m/m carré de section.

En employant les rondelles doublées, triplées, quadruplées, on augmente la charge proportionnellement au nombre de rondelles superposées. On peut ainsi, avec les rondelles du tableau ci-dessus, satisfaire à la plupart des applications et éviter l'emploi de rondelles trop épaisses qui sont souvent défectueuses.

3° Les charges d'aplatissement ne sont qu'approximatives.

4° La flèche indiquée est la flèche maxima d'une rondelle.

5° On peut fabriquer des rondelles de toutes dimensions en tenant compte que la flèche est fonction de l'épaisseur et des diamètres et ne peut être fixée arbitrairement.

Autres formules pour le calcul des Rondelles Belleville. — Soit R le rayon de la rondelle, *r* le rayon du trou central et P le poids en tonnes à supporter, on écrira :

$$R = \frac{0.08 + 0.01\ P}{2}$$

$$R - r = \frac{2\ R}{2.75}$$

épaisseur e = 1/6 à 1/8 (R — r)
flèche f = 1/10 à 1/13 (R — r)

Rondelles Trep. (*P. Nicolle à Montreuil-sous-Bois*). Comme **frein d'écrou**, la *rondelle Trep* (fig. 251), composée de rondelles Belleville minces superposées et réunies par un tube intérieur, se base sur le principe qu'*un écrou qui serre un ressort puissant ne se dévisse pas.*

Une telle rondelle *élastique* assure une pression constante de l'écrou sur les pièces serrées et annule les vibrations. Détendue, elle a une face creuse et une face bombée. Après serrage, elle est parfaitement plane et assure une bonne surface d'appui à l'écrou.

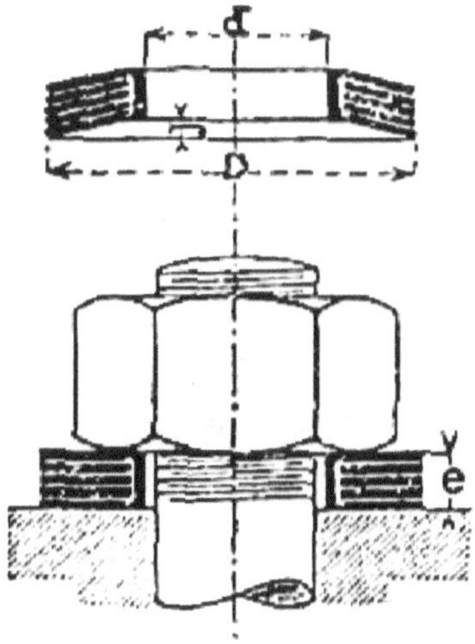

Fig. 251. - Rondelles Trep.

Son montage et son démontage sont instantanés. Le tableau ci-dessous en indique les capacités de serrage.

Boulon	D	*d*	*e*	*f*	Nombre de lames	Charge d'aplatiss.
6	17	7	2,4	0,6	4	220
8	20	9	3	0,7	5	280
10	23	11	4	0,8	5	500
12	26	13	4	0,9	5	500
14	29	15	5	0,9	5	750
16	33	17	5	1,1	5	750
18	37	19	6	1,2	5	1100
20	41	21	7,5	1,4	5	1700
22	45	23	7,5	1,4	5	1700
24	50	25	7,5	1,6	5	1700
25	50	26	7,5	1,6	5	1700
27	56	28,5	8	1,6	4	2400
30	60	32	10	1,8	5	2800
33	61	35	10	2	5	3000
36	68	38	10	2	5	3000
39	72	41	10	2,2	4	3200
42	76	44	10	2,4	4	3500
45	80	47	10	2,5	4	3600
48	85	50	10	2,6	4	3800
52	90	51	12	2,8	4	4400
56	95	58	12	3	4	5600
60	100	62	12	3	4	5600

CHAPITRE XIII

LE GRAISSAGE ET LES LUBRIFIANTS

Lorsque deux surfaces frottent l'une contre l'autre, le *coefficient de frottement* est d'autant plus faible que les surfaces sont plus polies ; mais si le contact devient absolu entre ces surfaces, l'*attraction moléculaire* entre en jeu et la cohésion des molécules se produit : il y a **grippement**, c'est-à-dire adhérence complète des deux corps frottants, malgré que la température engendrée par le travail de frottement soit considérablement inférieure aux températures de fusion des surfaces frottantes.

Pour empêcher l'adhérence moléculaire de se produire, il faut interposer constamment entre les deux surfaces une mince couche de lubrifiant : pour que cette pellicule lubrifiante puisse se maintenir, il ne faut pas que la pression par unité de surface dépasse les chiffres que nous avons donnés au *volume IX* à propos des tourillons, pivots et glissières. On a aussi émis l'idée que l'huile et la graisse sont formées de corpuscules sphériques : interposés entre les surfaces frottantes, ils y font l'effet de billes très petites tant que la charge n'est pas trop forte pour les chasser.

On distingue trois sortes de lubrifiants :

1° **Solides** : tels que le *graphite* ou *plombagine*, le *talc*, la *fleur de soufre*. Ils ne peuvent convenir que pour des frottements lents sur des surfaces poreuses telles que le bois en bout et la fonte.

Mélangés à des graisses ou à des dissolutions de caoutchouc dans l'huile, ils forment de bons lubrifiants pour dentures d'engrenages, chaînes, essieux très chargés pour roulements lents (voir : *Graisses graphitées*}.

Un frottement ainsi graissé ne doit pas s'échauffer, car alors le coefficient de frottement augmente rapidement.

2° **Onctueux** : tels que les suifs et graisses animales qui ne conviennent qu'à des **frottements lents** mais qui peuvent être *très chargés* : essieux de camions et wagons, gros arbres de transmission, tourillons de laminoirs, par exemple. Ces lubrifiants sont précieux aussi pour les glissières verticales d'ascenseurs et monte-charge parce qu'ils ne coulent pas le long de l'organe à lubrifier.

Les savons et surtout le savon mou dit savon noir sont de bons lubrifiants pour le cas ci-dessus.

3° **Liquides plus ou moins visqueux.** — Ce sont les huiles que nous diviserons comme suit :

Les **huiles végétales** de *ricin*, de *colza*, d'*olives*, d'*arachides*, de *navette*, de *noix*, de *lin*, de *résine*, etc..., Le plus souvent ces huiles contiennent des *acides gras* susceptibles d'attaquer les métaux ; certaines, comme celles de lin, de noix, de ricin et de résine sont siccatives, c'est-à-dire qu'elles s'oxydent rapidement en se transformant en résines par l'action de l'air, de la lumière et de la chaleur, dégagée par le frottement : elles forment des cambouis qui nécessitent de fréquents nettoyages. Leur points d'*ébullition* et d'*inflammation* {*point d'éclair*) sont à température relativement basse (260 à 320 degrés) et elles se décomposent par la chaleur avant même leur ébullition.

Cependant ce sont les meilleurs lubrifiants ayant le plus grand pouvoir de graissage sous les charges élevées : les *huiles de colza* et de *ricin* sont encore employées seules ou mélangées à des *oléonaphtes.*

Les **huiles animales** de *pieds de bœufs* et de *moutons*, de *lard*, de *suif*, de *poisson* sont de bons lubrifiants. Mais elles ont tous les défauts des huiles végétales ; de plus, certaines sortes deviennent *rances* et toutes se prennent en masse solide à des températures au-dessus de zéro ce qui rend leur emploi difficile par temps froid. Ce sont de très bons lubrifiants pour arbres chargés à vitesse lente.

Les **huiles minérales** sont extraites des résidus de distillation des *pétroles bruts*. Les meilleures sont celles de Russie et d'Amérique : leur point d'ébullition est aux environs de 370 degrés centigrades et elles ne se décomposent pas à cette température. On les emploie généralement pour les machines à grande vitesse et à température élevée (moteurs, machines à vapeur, dynamos, etc...)

Mais leur pouvoir lubrifiant est inférieur à celui des huiles végétales ou animales dont elles diffèrent du reste absolument au point de vue de la composition chimique[6].

Leur **viscosité** dépend de la proportion de graisses lourdes de pétrole qu'elles contiennent : plus elles sont raffinées plus elles sont fluides et moins leur qualité lubrifiante est grande.

Les **huiles Compound** sont des mélanges d'huiles végétales de colza, de ricin, de résine ou autres avec des huiles minérales ; ces mélanges ont un pouvoir de graissage meilleur que celui des huiles minérales pures et, par la présence de celles-ci, on évite la formation de cambouis et l'oxydation ou la résinification de l'huile végétale.

Les fabricants d'huiles gardent secrètes les formules des mélanges qu'ils étudient longuement pour des emplois spéciaux et qu'ils vendent sous des noms quelconques.

Les graisses consistantes dont le point de fusion est aux environs de 85 degrés centigrades sont des **huiles compound saponifiées** ; leur emploi doit être borné aux mécanismes ne chauffant pas : autrement la graisse fond, s'écoule complètement et le graissage ne se fait plus. Nous reparlerons plus loin de ces graisses qui ont l'avantage de se conserver *sans devenir rances* et d'avoir un point de fusion relativement élevé, ce qui n'est pas le cas des graisses animales.

Il importe d'éviter l'emploi des huiles végétales ou animales, pour le graissage des pistons et cylindres à vapeur. Sous l'influence de la chaleur et de la vapeur d'eau, ces matières se décomposent en acides gras et en glycérine. Elles se dessèchent en rongeant les segments du piston, et en les encrassant de telle façon qu'au

(6) Les huiles végétales et animales sont des *acides gras* (C^mH^n,O^n). tandis que les huiles minérales sont des *carbures d'hydrogène* ($C^m H^n$).

démontage il faut employer le burin pour les faire sortir. D'autre part, elles s'amassent dans le fond du cylindre et corrodent la fonte à tel point qu'elles la désagrègent complètement. Ces détériorations et l'analyse des crasses recueillies lors de l'ouverture du cylindre sont des preuves indéniables de nos affirmations.

Si nous passons du cylindre aux chaudières, nous constatons des effets encore plus déplorables. Les ingénieurs experts qui ont recherché les causes des nombreuses explosions de chaudières alimentées par les eaux de condensation, n'ont pu les attribuer qu'à la corrosion de certaines parties de tôles, où on constatait la présence d'oléates de fer et de savons pulvérulents produits par les matières employées pour le graissage. La corrosion des condenseurs à surface est due à ces mêmes causes.

Les huiles minérales pures ne donnent jamais lieu à ces accidents parce qu'elles ne contiennent pas d'acides gras ni aucune matière pouvant donner lieu à la formation de ces acides.

Analyse des huiles de graissage. — Le mécanicien n'a pas besoin de faire l'analyse chimique des huiles qu'il emploie ; c'est, du reste, une opération très délicate nécessitant un laboratoire spécialement, outillé ainsi qu'un chimiste compétent.

il est seulement intéressant de se rendre compte de la présence d'huiles végétales ou animales, ce qui se fait simplement en agitant une partie de l'huile à essayer avec quatre parties d'alcool à 80 degrés centésimaux qui dissout toutes les huiles végétales. On traite l'huile restant par l'acide sulfurique qui n'a aucune action sur l'huile de pétrole mais qui décompose les huiles animales ou la résine ; si l'huile reste limpide c'est qu'elle ne contient que des oléonaphtes d'origine minérale.

Un autre moyen est de faire bouillir pendant une demi-heure 20 centimètres cubes d'huile avec 20 centimètres cubes d'alcool à 90 degrés et autant de solution de **soude caustique** à 36 degrés Baumé ; les huiles végétales et animales sont **saponifiées** et l'huile minérale se sépare nettement.

La viscosité. — Est intéressante à déterminer ; on emploie pour cela les **viscosimètres** dont le principe est de mesurer le temps nécessaire à l'écoulement d'une certaine quantité d'huile par un orifice calibré à une température donnée (généralement

35 degrés centigrades). On emploie les viscosimètres d'Engler ou de Barbey pour lesquels nos lecteurs voudront bien consulter des ouvrages spéciaux[7].

Nous indiquerons seulement ci-après deux procédés simples, ne demandant pas de matériel coûteux.

Acidité. — L'huile ne doit pas contenir d'acides minéraux (sulfurique) ; la présence d'acides gras n'est pas nuisible.

Densité. — 0.89 à 0.96 pour les **huiles minérales** pures, à 15 degrés centigrades ; on la détermine avec l'aéromètre ou densimètre ; les **huiles de goudron** ont une densité de 1.1.

Inflammabilité. — Chauffer l'huile dans un récipient ouvert avec thermomètre et on promène une flamme au-dessus en notant la température de l'huile quand ses vapeurs s'enflamment ; la détermination du point d'inflammabilité n'a d'importance que pour les **compresseurs d'air** dans lesquels les vapeurs d'huile pourraient produire des explosions.

Cracking. — On nomme ainsi la décomposition par la chaleur de l'huile qui forme alors des **croûtes dures** ; on se rend compte de la valeur d'une huile à cet égard en la calcinant sur une plaque de tôle.

Congélation. — Dans un tube en verre de 40 millimètres de diamètre on met l'huile que l'on refroidit dans un **mélange réfrigérant** ; un thermomètre placé au milieu de l'huile indique la température : à chaque baisse de température de 1 degré, on retire le tube du mélange réfrigérant et on l'incline : lorsque l'huile ne se déplace plus immédiatement, elle est congelée et on note le degré indiqué par le thermomètre.

Les points de congélation des huiles le plus fréquemment employées sont :

(7) **Ixomètrc Barbey.** — La **fluidité** est représentée par le nombre de centimètres cubes du corps gras, à la température de 35 degrés centigrades, écoulés pendant une heure dans un tube gradué, par un orifice déterminé par le constructeur de l'appareil ; la **viscosité** est l'inverse de la fluidité.
Viscosimètre d'Engler. — Dans cet appareil, une masse d'huile de 200 centimètres cubes s'écoule par un tube de 20 millimètres de longueur, et 2,9 mm. de diamètre à sa partie supérieure et 2,8 mm. de diamètre à sa partie inférieure ; le temps d'écoulement est comparé à celui que mettrait à s'y écouler une même masse d'eau, à la température de 20 degrés, pris comme unité de temps.

	Degrés centigrades.
Huiles animales	8 à 0
" d'olives	6
" de navette	- 4
" de colza	- 6
" de ricin	- 16
" d'œillette	- 18
" de lin	- 27
" de résine	- 25
Huiles minérales	- 15

L'essai des huiles au point de vue de leur valeur comme graissage se fait avec des machines à frictions chargées et rapides permettant de mesurer réchauffement et l'usure en un temps donné.

La viscosité est considérée comme déterminant la valeur de lubrification de l'huile : voici un moyen simple de comparer les viscosités des huiles :

Viscosimètre de R. Champly. — Prenez une plaque de verre, par exemple un vieux cliché photographique 13 x 18, que vous nettoyez bien, et posez-le incliné de 45 à 60 degrés sur une table, en l'appuyant contre un mur ou sur un objet quelconque ; déposez à la même hauteur sur cette plaque une goutte d'une huile type et une goutte de l'huile à essayer, en faisant en sorte que les deux gouttes soient du même volume.

Au bout de 5 à 10 minutes, les deux gouttes auront coulé le long de la plaque et la plus fluide aura parcouru le plus long chemin.

Ce procédé très simple et peu coûteux m a donné des résultats très précis pour comparer la viscosité de plusieurs sortes d'huiles.

Épreuve de la tache grasse. — Moyen simple pour vérifier la **pureté** d'une huile : on dépose, au moyen d'une baguette de verre, une goutte d'huile sur un morceau de **papier à filtrer**, de façon que cette goutte s'y étende lentement ; pour les huiles épaisses et les graisses, on chauffe légèrement l'échantillon ; les grosses impuretés sont très apparentes, en examinant le papier **par transparence**, et les points noirs brillants indiquent la présence d'**asphalte dur**.

(Hütte : vol. 1, p. 939 : voir ce volume pour autres essais.)

Contrôle facile de la qualité d'une huile de graissage. — *M. André et Cie*, importateurs d'huiles, donnent les conseils suivants pour juger de la qualité des huiles employées au graissage des moteurs à explosion :

1° Après un parcours de 1.500 kilomètres, tirez du carter du moteur la valeur d'un verre d'huile : si le liquide recueilli est noir, sans reflets verts, c'est que l'huile est décomposée et ne vaut rien.

2° Laissez reposer 24 heures l'huile contenue dans le verre et observez si, après ce temps, elle abandonne, au fond du verre un dépôt noir.

En vidant lentement le contenu du verre le dépôt restera collé au fond dudit récipient : une bonne huile ne donne que peu ou point de dépôt.

3° Plongez, *à la même hauteur*, deux baguettes de même grosseur. L'une dans l'huile neuve et l'autre dans l'huile usagée ; sortez en même temps les deux baguettes : si l'huile que vous employez est bonne, elle ne doit pas, après usage, s'écouler plus rapidement que l'huile fraîche, c'est-à-dire qu elle *a conservé sa viscosité.*

Qualités à exiger d'une huile de graissage. — *Pas de corps solides* : graviers, poussières, grumeaux, membranes, etc. ;

- *Cohésion, onctuosité et viscosité* suffisantes selon la charge et la température des organes à lubrifier ;
- *Fluidité* aussi grande que possible à la température d'utilisation :
- *Absence d'acides* pouvant attaquer les métaux ;
- *Faible coefficient de frottement* ;
- *Stabilité de composition chimique* à l'air et à la chaleur :
- *Température élevée* d'ébullition et d'inflammation ;
- *Congélation à basse température* ;
- *Bonne conductibilité calorifique* permettant la transmission rapide de la chaleur dégagée par le frottement.

La **couleur** n'a généralement pas d'influence sur les qualités lubrifiantes d'une huile : une huile ayant déjà servi, surtout à haute température, a perdu une grande partie de ses qualités de graissage.

Exemple d'une analyse d'une huile de graissage
pour moteur Diesel.

Densité à 19° C.	0,936
Viscosité Engler à 15° C	35,1
— à 50° C	4,65
Fluidité Barbey à 15° C	16 cm³ h.
— à 35° C	45 —
— 50 C	103 —
— 100 C	520 —
Point d'inflammation	185°
Congélation	— 8° C.

Réaction : neutre. — Ne contient pas d'huile de résine.

Qualités d'huiles à employer dans divers cas :

Huiles de naphte : *épaisses vertes ou brunes* pour hautes températures : Cylindres de moteurs à explosion, machines à vapeur ; *demi-fluides, plus ou moins décolorées* pour moteur à explosion refroidis par l'eau, graisseurs à pulsion mécanique, graisseurs oléomètres : *fluides décolorées*, pour dynamos et moteurs électriques, pour moteurs sans soupapes d'automobiles, pour organes mécaniques et transmissions en général ; *très fluides, décolorées*, pour broches de métiers à tisser, machines à coudre, à tricoter, armurerie, précision ; *noires semi-fluides* pour essieux de wagons.

Huiles Compound : pour turbines, essoreuses, écrémeuses, pivots très chargés, machines à bois à très grande vitesse, arbres très chargés, machines marines, butées d'hélices.

Huile de ricin : pour moteurs légers et rapides de motocycles et d'aviation.

Huiles végétales : pour graissage de machines froides, taraudages, décolletage, éclairage, ensimage ou enduisage des laines, cuirs et peaux.

Huile de poisson : pour entretien des cuirs et courroies.

Huiles et graisses animales : pour gros essieux de voitures, spécialement celle de *pieds de bœuf* et, pour les petits roulements, celle de *pieds de mouton.*

Huiles de suif et de suint : pour cuirs gras.

Huile de lard : pour décolletage.

Huiles de lin et de résine : pour la peinture.

Huiles de vaseline : pour petits roulements de précision.

Vaseline et graisses consistantes : pour gros tourillons chargés, laminoirs, essieux, glissières et guidages verticaux.

Huiles solubles : on nomme ainsi des huiles végétales saponifiées et émulsionnées dans l'eau ; employées pour le perçage et le travail sur les machines-outils ou le décolletage.

Huiles de résine : plus ou moins saponifiées par la chaux, servent à faire des graisses pour chariots. On en fait des vernis et des encres d'imprimeries.

Huiles de goudron, huiles ayant servi, déchets d'huile : pour démoulage sur les presses et machines à estamper et emboutir.

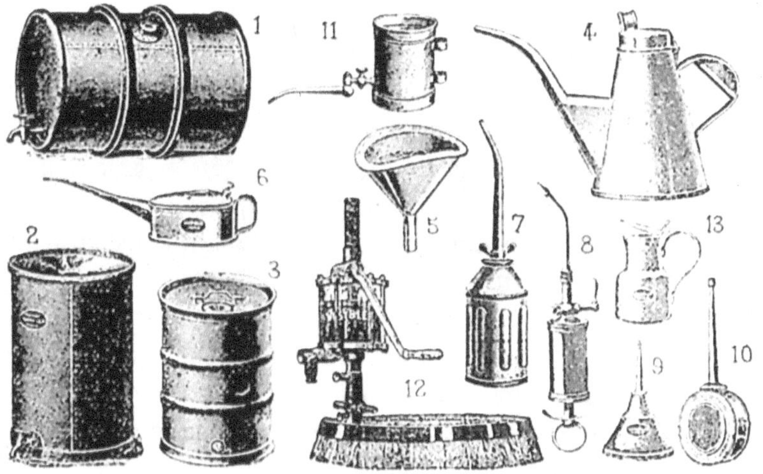

Fig. 252. - Récipients pour le transport et la distribution des huiles de graissage.

1. Tonneau en tôle avec trou taraudé pour robinet. — 2. Bidon vertical avec fond en entonnoir pour magasins d'ateliers. — 3. Bidon de transport avec trous taraudés pour robinets. — 4. Grande burette de répartition aux contremaîtres. — 5. Entonnoir à grille formée d'une toile métallique fine pour verser en les tamisant les huiles et essences. — G. Burette horizontale à piston. — 7. Burette verticale à trou d'air. — 8. Seringue à huile ou à graisse consistante. — 9. Burette à *fond cloquant.* — 10. Burette pour petits graissages. — 11. Fontaine pour arroser la coupe des outils. — 12. Appareil mesureur puisant proprement l'huile dans les tonneaux en bois ou en tôle ; cet appareil est une sorte de pompe analogue à celles employées pour débiter l'essence aux automobiles. — 13. Bouilloire en cuivre pour faire fondre le suif.

Fabrication de la graisse consistante. — La graisse consistante, employée en général dans les organes à marche lente et chargés, correspond à la qualité des huiles *Compound*, c'est-à-dire, composées ; elle résulte de la saponification par la chaux d'une huile végétale quelconque et d'huile minérale. Cette dernière, au cours de la fabrication, est divisée en innombrables gouttelettes infinitésimales qui sont, dès lors, enrobées dans le savon formé par l'huile végétale. L'huile minérale intervient ici, non seulement comme lubrifiant, mais aussi comme dissolvant des cambouis que forme l'huile végétale.

Le point de fusion des graisses consistantes varie de 85 à 100°. Pour être bonne, une graisse consistante doit être assez fluide pour circuler à la moindre compression entre les parties frottantes et elle doit cependant être suffisamment ferme pour ne pas couler et surtout pour ne pas être expulsée comme de l'huile.

Elle ne doit pas être acide ni former cambouis.

Voici un mode pratique de la fabriquer : on éteint 800 grammes de **chaux vive** dans 3 litres d'eau et on ajoute 50 grammes de **soude caustique**. Mélanger ce lait alcalin avec 3 kilogrammes d'huile végétale (olive, colza ricin, arachide ou autre, et 1 kilo 500 d'huile minérale épaisse (oléonaphte). Chauffer le tout dans une marmite en remuant constamment, ce qui produit la **saponification** de l'huile végétale et l'**émulsion** avec l'huile minérale. Quand on juge que la saponification est complète, ce qui se reconnaît à la couleur jaunâtre du liquide, arrêter le feu, laisser refroidir aux environs de 70 degrés et ajouter 6 kilogrammes d'huile minérale en remuant énergiquement.

Pour graphiter celle graisse, ajouter 15 à 30 pour cent de poudre de graphite pur.

Graisses et huiles graphitées.

Le graphite est du carbone presque pur ; on le vend en poudre ou en petites paillettes onctueuses au toucher.

Les coefficients de frottement obtenus avec le graphite sont bien inférieurs à ceux que donne l'huile seule et des expériences ont prouvé que son emploi sur les transmissions générales d'un atelier permettait de réduire de 10 à 20 % la force motrice nécessaire à la marche générale de l'usine.

Le but du graissage est de remplacer le frottement entre deux surfaces métalliques par le frottement entre deux pellicules d'un lubrifiant adhérentes aux dites surfaces métalliques. Les grippages et l'usure se produisent toutes les fois que les pellicules lubrifiantes disparaissant, il y a contact entre les surfaces métalliques et par suite arrachement. Ces incidents surviennent avec l'huile, tandis que les molécules graphitiques, *pénétrant dans les pores superficiels du métal*, le garantissent du grippage.

La *graphitisation* est la pénétration du graphite dans les pores superficiels du métal.

La « graphitisation », qui nous met à l'abri du grippage, nous garantit en même temps contre l'usure qui n'est que la résultante de légers grippages successifs.

Le **graphite pur** est, par lui-même, un excellent lubrifiant, mais il est souvent falsifié par adjonction de poudres quelconques, n'ayant non seulement pas les qualités excellentes du graphite, mais susceptibles de faire gripper et de détériorer les machines.

Pour employer du graphite comme lubrifiant, assurez-vous d'abord qu'il est pur et, pour cela, le mieux est de l'acheter chez un spécialiste de cette marchandise et non chez un simple revendeur. Pour vous rendre compte de la pureté du graphite, mettez-en une pincée dans un verre à essais et versez dessus de l'eau acidulée a 25 % d'acide sulfurique, ou même de l'esprit de sel (acide chlorhydrique). S'il se produit un dégagement de bulles gazeuses, vous pouvez être certain que le produit est falsifié.

Quand on emploie le graphite comme lubrifiant, il forme sur les surfaces frottantes une sorte de pellicule noire adhérente qui empêche l'usure. Employé sur les dentures d'engrenages, il adoucit le roulement et le bruit.

Le graissage à la graisse graphitée et à l'huile graphitée est très bon. Il suffit de mélanger intimement le graphite en paillettes avec la graisse consistante et, pour l'huile, d'employer des poudres graphitiques extrêmement fines.

On peut mettre de 10 à 20 pour cent de graphite dans les produits gras ci-dessus.

Les graisses et huiles graphitées conviennent surtout pour les frottements de glissement, les carters d'engrenages, les gros engrenages de turbines et de moteurs électriques ; les chaînes de treuils, les pignons en cuir, en fibre ; les dentures en bois doivent toujours être graissées au graphite.

Personnellement, j'ai employé la graisse graphitée dans des amortisseurs de chocs, à friction, pour automobiles, avec le meilleur résultat.

Emploi du graphite artificiel colloïdal. — L'Américain Acheson, inventeur du carborundum, au cours de ses recherches au four électrique, fabriqua du *graphite artificiel* ou *plombagine* à l'état de pureté presque absolue (95%).

Puis il réalisa la *défloculation* du graphite qui le réduit à un état de division tel qu'on peut le supposer *moléculaire.*

L'*état défloculé* n'existe qu'en présence d'un liquide : les quasi-dissolutions obtenues suivent les lois de l'état colloïdal : les particules du graphite ont alors 1/14 millième de mm. de diamètre, traversent le papier à filtrer, et n'obéissent plus aux lois de la pesanteur, restant en suspension dans les liquides non acides ; il suffit d'une teneur en graphite de deux grammes par litre pour colorer dans toutes ses parties l'huile prête à l'usage.

Acheson a nommé **Oildag** la solution colloïdale concentrée de graphite.

L'*état colloïdal* ne peut exister dans un milieu acide ; or seules les huiles minérales pures sont neutres ; ce sont donc ces huiles qu'il faut adopter comme véhicule du graphite colloïdal.

Il est très facile de vérifier si une huile minérale convient à cet emploi : il faudra mettre dans une petite bouteille environ 30 grammes d'huile à essayer, y ajouter 2 ou 3 gouttes d'oildag concentré en prenant soin de faire tomber ces gouttes au milieu de l'huile sans qu'elles rencontrent les parois. Bien agiter, pour que le mélange soit intime et laisser ensuite le tout au repos pendant 7 ou 8 jours.

Passé ce délai, en renversant la bouteille, on doit constater que le mélange est resté bien homogène : qu'il ne s'est rien déposé au fond. Si l'on voit apparaître une traînée noire très foncée qui prouve que le graphite colloïdal a été partiellement attaqué et s'est déposé, c'est que l'huile employée est acide et, par conséquent, mauvaise pour le graissage des machines.

Il faut verser l'oildag dans un faible volume d'huile, bien brasser ce premier mélange et ajouter ensuite la quantité d'huile nécessaire, selon les données ci-après.

Si l'huile est très épaisse, il faut la réchauffer au préalable, en mettant par exemple le fût ou le bidon près d'un poêle.

Les qualités lubrifiantes des huiles pures reposent sur leur plus ou moins grande viscosité ; dans le traitement par le graphite défloculé, ce sont au contraire les liquides à plus faible viscosité qui donnent les coefficients de frottement les plus réduits. L'oildag, constitué par du graphite colloïdal, est en effet, destiné à être mélangé à un liquide qui ne lui servira *que de véhicule.* Ce véhicule ne doit pas détruire cet état colloïdal.

L'eau elle-même traitée par le graphite colloïdal donne, paraît-il, un lubrifiant plus efficace que l'huile seule. Il a été possible de graisser des machines à vapeur surchauffée avec de l'huile à broches, très peu visqueuse mais graphitée.

Épuration des déchets d'huile récupérés

Les huiles usées se récupèrent par ramassage dans les bassins des machines-outils et surtout des moteurs à gaz et à huiles lourdes qui font généralement beaucoup de déchets, car ils doivent être abondamment lubrifiés. La vidange des carters des moteurs et des trains d'engrenages, l'essorage des chiffons d'essuyage en donnent aussi de grandes quantités.

Quoique ces huiles aient perdu une partie de leurs qualités lubrifiantes, elles peuvent être réutilisées pour le graissage des bancs des machines-outils, pour le perçage, le décolletage, le fraisage et tournage et même pour remplir des paliers de grosses transmissions, à condition d'être épurées **physiquement** et **chimiquement.**

Elles contiennent des poussières de charbon, des poussières métalliques, des particules d'émeri ou de sable.

Le repos et le passage sur un filtre enlèveront les poussières de charbon et sablonneuses et les plus grosses parcelles métalliques. Il faudra ensuite traiter par l'acide sulfurique étendu d'eau, puis par le carbonate de potasse ou de soude pour enlever toute trace d'acidité.

À cet effet l'huile est récoltée dans un réservoir où elle dépose les plus lourdes impuretés. On la passe ensuite sur un filtre formé de 2 ou 3 feuilles d'épais feutre de coton. Puis on la traite par de l'eau acidulée à 20 pour cent d'acide sulfurique ; un agitateur permet de faire barboter l'eau et l'huile. Enfin, l'huile est mise dans un bac contenant de l'eau saturée de carbonate de potasse ou de soude, avec un agitateur pour bien mettre les liquides en contact. L'huile en sort claire et purifiée.

Le filtre le plus simple en feutre est représenté figures 256 et 257.

M. J. Fleph, mécanicien en chef de l'usine de force motrice des Immeubles industriels à Paris, a inventé un filtre à huile à marche continue qui nettoie, absolument les huiles les plus sales ; la figure 253 montre les coupes de cet appareil dans lequel l'huile se repose d'abord dans un compartiment E où elle est chauffée soit par un serpentin de vapeur soit par une **résistance chauffante électrique**.

Ainsi liquéfiée, l'huile passe de bas en haut à travers une grande épaisseur de déchets de coton fortement comprimés entre des tôles perforées ; ensuite elle traverse de haut en bas une seconde couche de nappes de coton comprimé et sort parfaitement limpide et propre ainsi que nous l'avons constaté à plusieurs reprises.

L'efficacité de ce mode de filtrage vient de la grande épaisseur des couches de coton et de la lenteur avec laquelle s'effectue le passage de l'huile d'un compartiment à l'autre.

L'avantage du filtrage de bas en haut, c'est-à-dire *per ascensum* est certain : les matières retenues par le filtre tombent ainsi en grande partie dans le fond du récipient : la matière filtrante s'encrasse moins.

Filtre Hamelle. (fig. 260) . — L'huile sale versée en A sur une toile métallique abandonne les plus grosses saletés, puis se repose dans le bac G: enfin elle tombe dans la boite E d'où elle sort de bas en haut à travers des feutres pressés. Le nettoyage des éléments est facile, car ils s'emboîtent les uns dans les autres sans vis ni boulons et se démontent très facilement.

Filtre Glaenzer et Perreaud (fig. 258) . — Les huiles à épurer versées dans l'entonnoir que forme la partie supérieure du filtre, abandonnent la plus grande partie de leurs impuretés sur la toile métallique prévue à cet endroit. Elles traversent ensuite les déchets de coton disposés dans la chambre B, puis, comme indiqué par

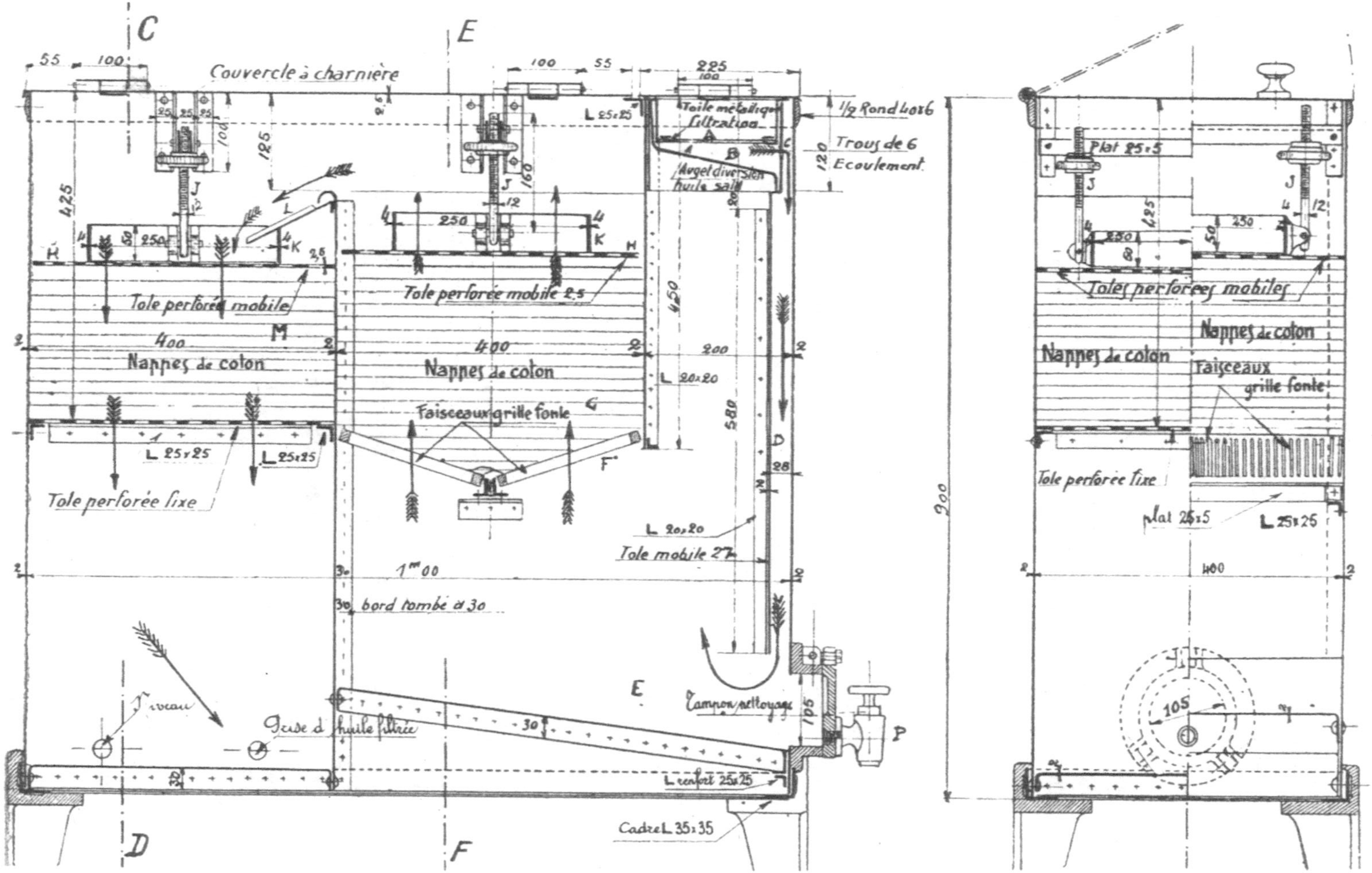

Fig. 253. - Filtre Fleph.

les flèches, la paroi horizontale perforée, pour descendre par le tube C dans la partie inférieure de l'appareil. L'huile s'étale alors sous les disques D, 1 D, 2 D, de diamètres croissants, afin d'augmenter la ténuité de la couche d'huile qui est telle qu'en quittant le dernier de ces plateaux elle se trouve *intimement mélangée à l'eau* qui la débarrasse entièrement par gravité de toutes les impuretés qui n'auraient pu être retenues par les matières filtrantes traversées précédemment. Ces impuretés qui s'accumulent à la partie inférieure du filtre, peuvent facilement être extraites par le robinet « 3 ». Quittant le disque 2 D, l'huile doit à nouveau traverser la couche de déchets F, pour parvenir enfin à la chambre G qui constitue le réservoir d'huile purifiée, munie du robinet « 1 » en permettant le soutirage.

Un *serpentin* de vapeur dans le fond de l'appareil en permet le chauffage pour liquéfier l'huile et activer le travail.

Selon sa grandeur l'appareil filtre de 15 à 460 litres par 24 heures.

Filtre Chonanard (fig. 259). — Cet appareil se compose d'éléments rentrant les uns dans les autres sans boulonnages. L'huile tamisée en B se repose en C et passe dans l'eau contenue dans le fond de l'appareil, puis est filtrée sur une couche de rondelles de feutre en G.

On doit mettre l'appareil dans une pièce chaude, la chaufferie par exemple, pour que l'huile reste liquide.

L'appareil figure 255 compte un certain nombre de *plateaux* garnis de plaques de feutre ou de déchets de coton bien lassés et, en dessus, une boîte à doubles parois perforées garnie de déchets de coton tassés. La filtration se fait par descente de l'huile par gravité.

Dans l'appareil figure 254 la filtration se fait sur des poches en feutre spécial tendues sur des cadres en bois.

Action de l'eau sur la filtration de l'huile. — On a reconnu que le brassage de l'huile sale avec de l'eau favorise le dépôt des matières étrangères contenues dans l'huile ; il y a là une action de présence qui ne paraît pas devoir être négligée. Nous avons conseillé dans des cas semblables de faire passer l'huile dans un appareil à palettes brassant l'huile sale avec de l'eau additionnée de *10 % de carbonate de soude* ; on supprime ainsi les acides

254

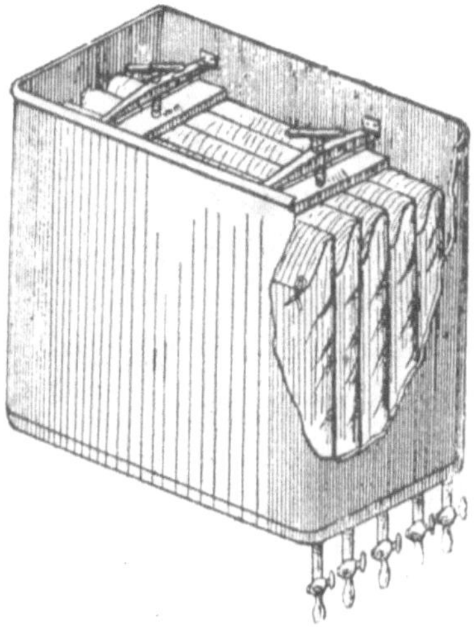

255

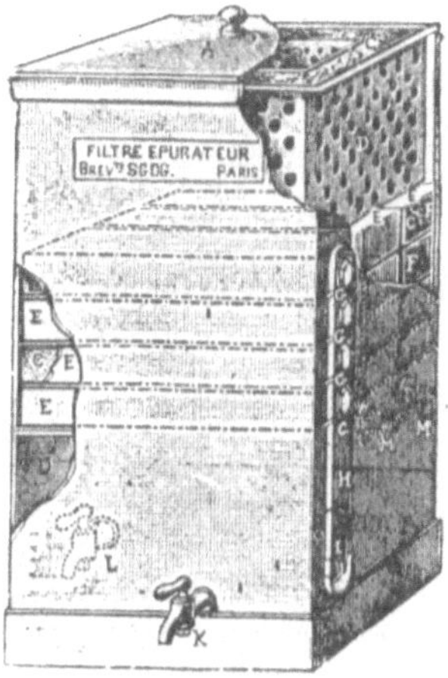

256

257

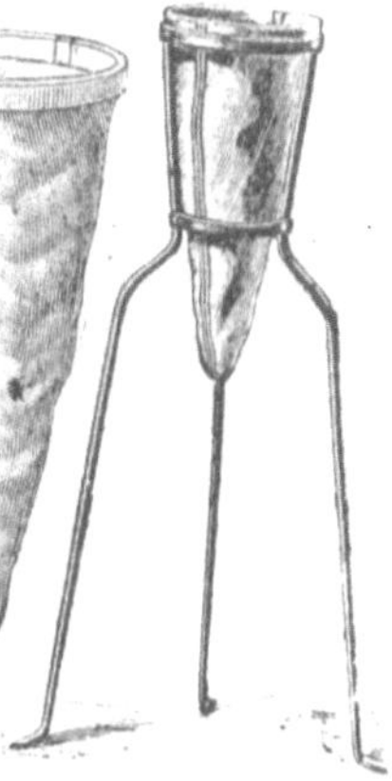

Fig. 254 à 257. - Divers filtres à huile.

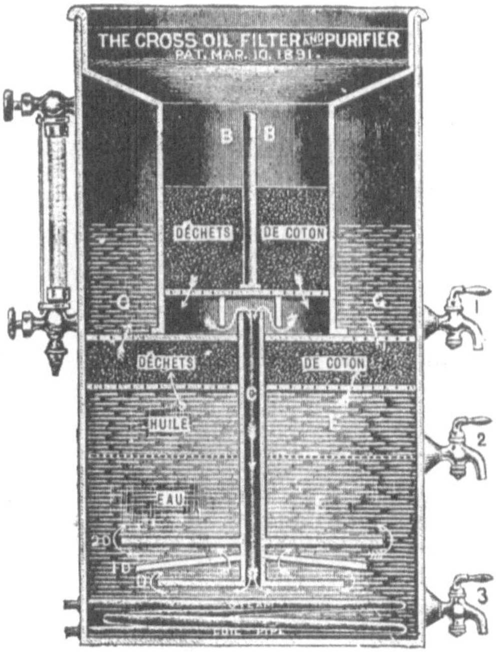

Fig. 258.
Filtre Glaenzer et Perreaud

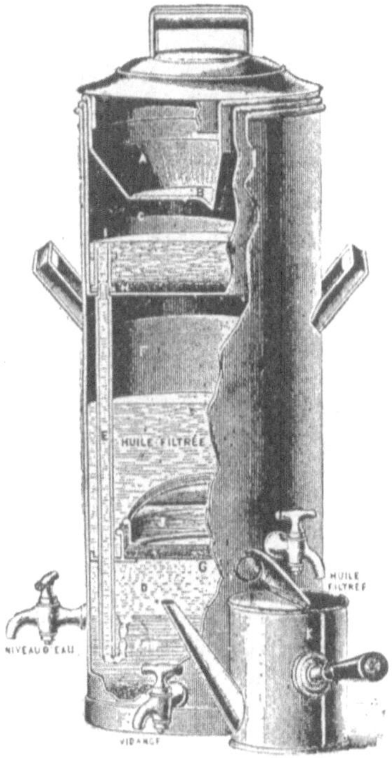

Fig. 259.
Filtre Chouanard

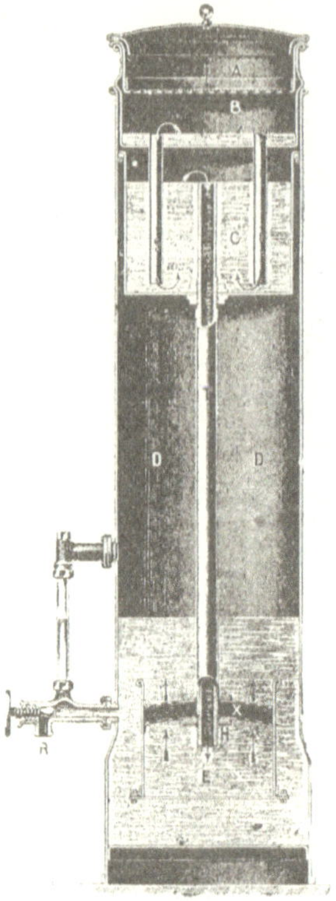

Fig. 260. - Filtre Hamelle.

dont la présence est générale dans les huiles ayant servi aux moteurs à explosions(8).

Filtration sur poches en feutre. — C'est le moyen le plus simple mais peu certain : l'huile est filtrée dans un cône en feutre ou en tissu spécial de coton : il faut repasser plusieurs fois l'huile dans le filtre et vérifier sa limpidité. La poche conique peut être simplement fixée à un cercle accroché au plafond par des fils de fer ou placée sur un *trépied* spécial (fig. 256 et 257).

Épuration des huiles par centrifugation. Si l'on soumet à l'action de la force centrifuge un *liquide complexe* formé de divers liquides avec des particules solides en suspension, les éléments de ce mélange seront séparés *dans l'ordre de leurs densités*, les plus lourds étant projetés sur la périphérie du *bol centrifuge* dont la vitesse de rotation est environ 6.000 tours par minute.

C'est le principe de l'*écrémeuse* appliqué à l'épuration des huiles salies : les particules solides s'échappent vers l'extérieur du bol, et tombent au fond ; l'eau est refoulée vers le haut de l'extérieur du bol et l'huile purifiée vers le centre.

(8) Lorsqu'on introduit un corps dans l'eau, ce corps prend une charge électrique excessivement faible et dont le signe dépend de la nature du solide. De même, lorsqu'une, solution colloïdale est en équilibre, on admet qu'il se développe sur chaque particule une charge électrique qui empêche, en vertu de la loi de Coulomb, toute agglomération de ces particules, et par suite leur précipitation.
Or, on peut envisager l'huile sale, comme une solution colloïdale, ou plutôt une suspension de différentes impuretés plus ou moins divisées dans l'huile. Si on introduit, dans certaines conditions, un électrolyte (sel, acide ou base), choisi d'après certaines lois, on peut, malgré les propriétés diélectriques de l'huile, amener la précipitation des impuretés de l'huile et par suite sa complète purification.

La figure 261 montre un **séparateur centrifuge** (de Laval} et les figures 262 et 263 deux coupes de bols épurateurs (*Hignette*) ; celui figure 262 est un **bol clarificateur** : l'huile sale entre en A ; les particules solides viennent en C et tombent au fond, l'huile clarifiée sort en B ; celui figure 263 est un **bol séparateur** applicable lorsque l'huile contient de l'eau : l'huile sale entre en A, les particules solides tombent au fond du bol, l'eau sort en C et l'huile purifiée sort en B.

Les bols doivent être toujours pleins, c'est-à-dire qu'ils doivent recevoir autant d'huile sale qu'il sort de liquide.

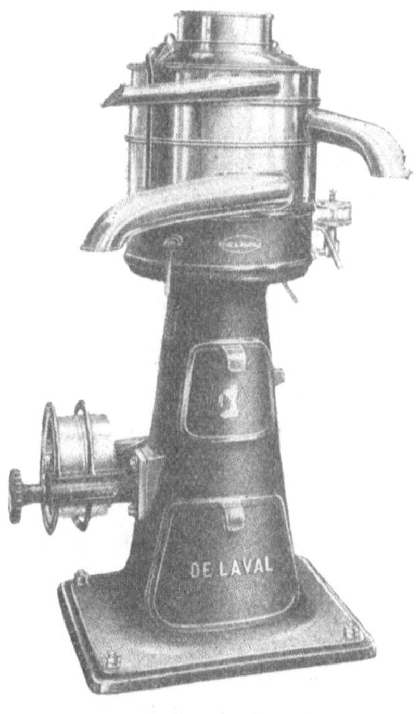

Fig. 261. - Séparateur centrifuge (de Laval).

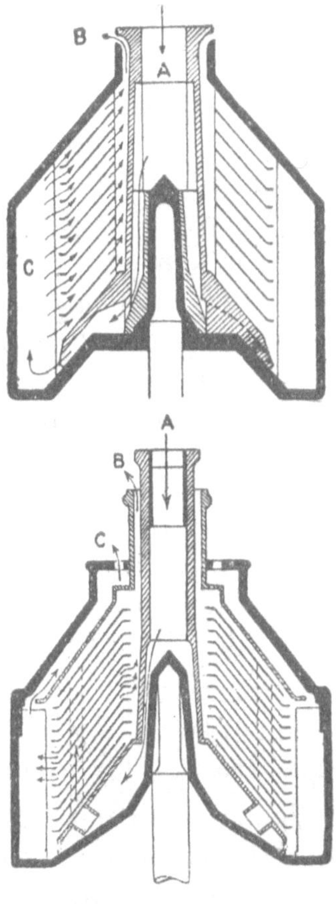

Fig. 262 et 263. - Bols de centrifugation (Hignette).

La centrifugation s'applique à l'épuration d'huiles hors des machines et aussi à la circulation continue de l'huile de graissage ou des transformateurs statiques, dans les cas suivants :

- Séparation continue de plusieurs liquides mélangés ou émulsionnés.
- Séparation continue des particules fines en suspension dans un ou plusieurs liquides.
- Parmi ses applications industrielles classiques, il faut citer :
- Épuration des huiles lubrifiantes des turbines à vapeur.
- Épuration des huiles lubrifiantes des moteurs Diesel.
- Épuration des huiles lubrifiantes des moteurs à gaz.
- Régénération des huiles de carters d'automobiles.
- Épuration et aseptisation des huiles d'outils.
- Récupération des huiles de graissage diverses.
- Épuration et déshydratation des huiles combustibles pour moteurs Diesel.
- Épuration et déshydratation des huiles isolantes de transformateurs et interrupteurs.
- Déshydratation du goudron.
- Fabrication et raffinage des huiles végétales.
- Clarification et vieillissement des vernis.
- Clarification continue des solvants de nettoyage à sec.
- Déshydratation des suifs.
- Séparation de l'hémoglobine et du sérum sanguin.
- Séparation continue de la levure et des moûts de distillerie.
- Fabrication de l'essence d'Orient.
- Clarification et séparation des produits pharmaceutiques etc.

Il résulte d'essais sérieusement faits que l'épuration par centrifugation rend à l'huile usagée des qualités lubrifiantes approchant de celles des huiles neuves.

Épuration par aimants. — En faisant passer l'huile salie sur des aimants permanents, ceux-ci retiennent les poussières de fer, acier ou fonte et l'expérience a prouvé que ces poussières arrêtent celles de bronze et autres métaux non magnétiques.

La figure 264 montre le *tamis magnétique Chapman*, qui se compose d'une ou plusieurs batteries d'aimants permanents disposés en cercles et placés entre deux tôles en laiton percées de lumières judicieusement prévues pour diriger l'huile sur la partie active des aimants.

Le tout est entouré d'une ou plusieurs toiles métalliques fines destinées à arrêter les particules et débris inertes non magnétiques qui auraient pu passer non retenues sur les aimants. La partie filtrante est placée dans un corps en fonte avec couvercle d'où elle peut être facilement sortie d'un seul bloc, grâce à une poignée, pour les nettoyages qui se font en soumettant simplement les aimants à un *jet d'eau froide* (l'eau chaude leur ferait perdre l'aimantation).

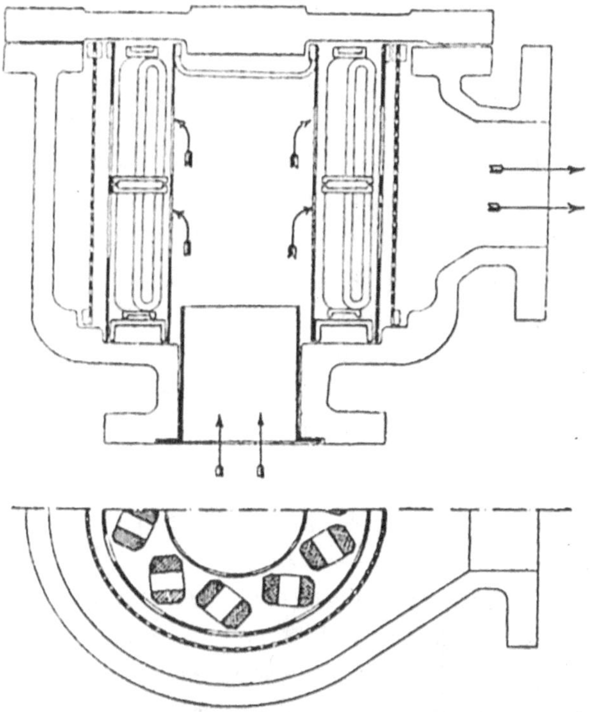

Fig. 264. - Séparateur magnétique (Chapman).

Ce tamis est employé sur les voitures automobiles avec circulation d'huile de graissage forcée et pour l'huile de graissage des engrenages des trains de laminoirs, pour l'huile de combustion des moteurs Diesel et aussi pour l'eau de refroidissement avec pompe de circulation.

Épuration chimique. — Se fait dans un bac en bois doublé de plomb, ayant vers le fond un agitateur à palettes en bois ; on met 2 à 3 % du poids de l'huile d'acide sulfurique à 66°

Baumé, étendu de 2 à 3 fois son poids d'eau ; on chauffe par jet de vapeur et on agite ; on laisse reposer 24 heures, on ajoute de l'eau : brasser et laisser reposer quelques jours, puis ajouter de la craie ou de la lessive de soude à 37° Baumé et 2 % de chaux vive en poudre, brasser et chauffer par jet de vapeur : laisser reposer 24 heures, puis filtrer.

Récupération par essorage ou pression. — Les chiffons d'essuyage et les tournures métalliques contiennent une appréciable quantité d'huile qu'il est facile de récupérer par passage dans une essoreuse centrifuge ; mais l'opération ne donne de bons résultats que si elle est faite dans un local assez chaud pour que l'huile soit fluide.

Un moyen simple et très efficace est de faire arriver un jet de vapeur par l'axe central de l'essoreuse : l'huile est ainsi fortement réchauffée et l'eau de condensation de la vapeur entraîne l'huile très rapidement par l'action centrifuge.

Les chiffons gras peuvent aussi être soumis à la presse hydraulique dont les plateaux sont chauffés à la vapeur.

Les huiles ainsi récupérées sont utilisables, après repos ou filtrage, pour les travaux de tour, perçage, etc.

Divers modes de graissage.

1° Graisseurs. — **Appareils graissant par gravité sous la pression atmosphérique.** — Dans le *volume III : Transmissions mécaniques* et dans le *volume IX : Arbres moteurs*, nous avons parlé du graissage par bagues à bain d'huile et des paliers à graisse consistante dits *Calypsol* ; nous prions le lecteur de s'y reporter.

Les appareils graissant sous la pression atmosphérique par la seule action de la pesanteur doivent être autant que possible placés sur l'organe à lubrifier ; on peut cependant les mettre à distance à une certaine hauteur avec un tube adducteur d'huile qui descend par gravité ; avec la graisse consistante il faut, en ce cas prévoir une pression suffisante pour que la graisse circule dans le tube.

Les figures ci-contre représentent quelques types de ces appareils *à graisse* et à *huile fluide* : (fig. 265), **Stauffer ordinaire**, par lequel la graisse ne descend que lorsque l'on serre le

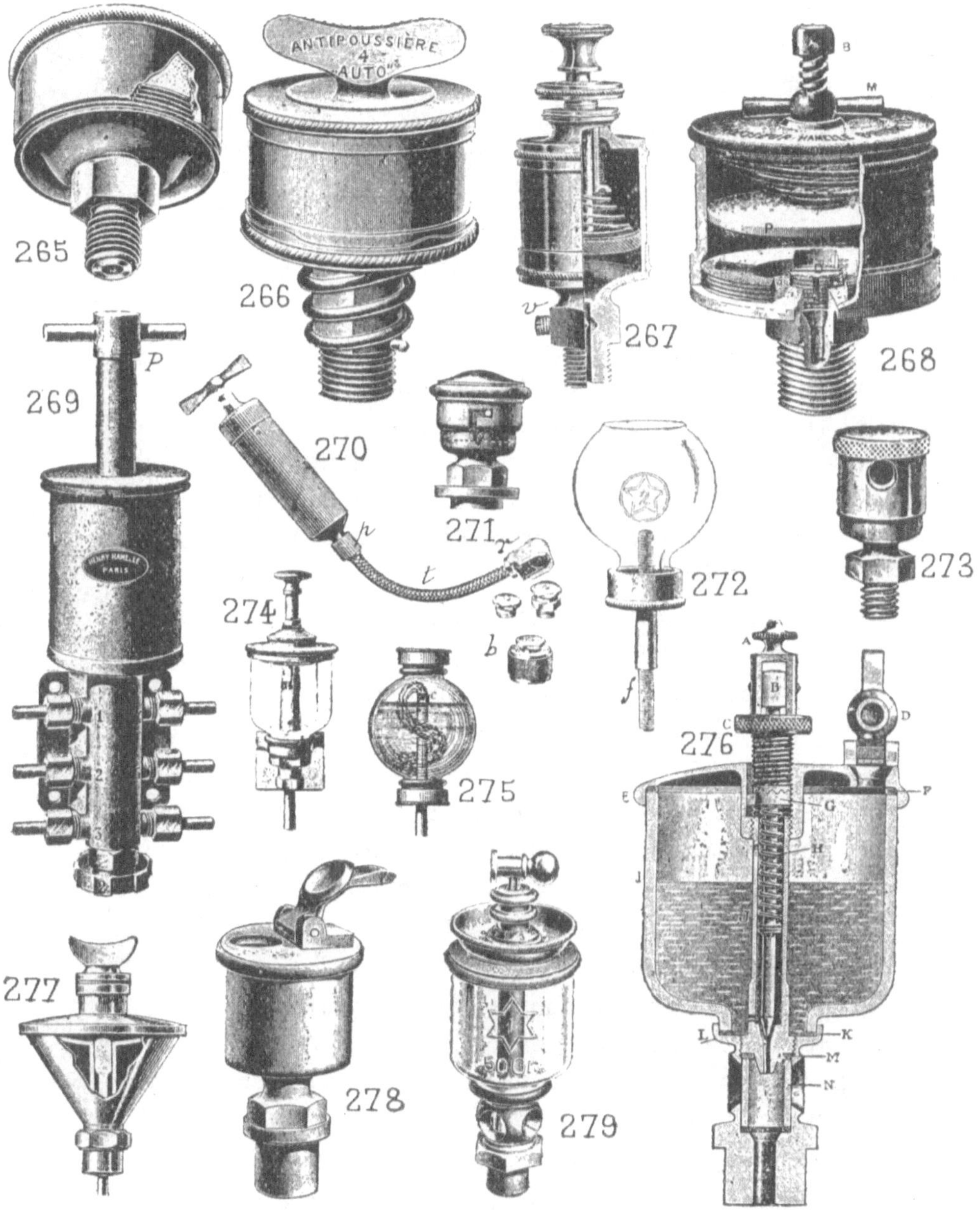

Fig. 265 à 279. - Graisseurs divers.

couvercle à la main ou si la température de l'organe dépasse le point de fusion de la graisse : 60 degrés. Fig. 266 : Même que le précédent, mais un ressort et des crans empêchent le desserrage du couvercle par les trépidations. Fig. 267 et 268 : **Stauffer à piston** actionné par un ressort qui fait automatiquement couler la graisse ; le réglage du débit se fait dans le premier par la vis pointeau *v* et, dans le dernier, par la vis intérieure D. (*Hamette*). Ces appareils sont très efficaces pour le graissage des organes en mouvement. Fig. 269 : **Distributeur de graisse consistante** à six départs ; la pression est donnée à la graisse par un piston que l'on fait descendre par une vis centrale manœuvrée par la poignée P.

Graissage Técalémit (fig. 270). — Une forte seringue *p* chasse la graisse dans un tube flexible *t* qui se fixe par un raccord de forme ingénieuse à des **bouchons à clapet** *b*, vissés à demeure sur les organes à lubrifier ; ce procédé jouit d'une grande faveur pour le graissage de toutes les articulations de leviers, pivots et mains de ressorts, roulements à billes, directions, etc., des voitures automobiles.

Graisseurs hermétiques (fig. 271 et 273) contenant de l'huile et une mèche employés pour les organes en mouvement momentané : poulies folles, articulations secondaires.

Graisseur en verre (fig. 272) avec tige filetée *f* coulissant dans une douille lisse en laiton : l'huile ne descend effectivement que lorsque l'organe à lubrifier est en mouvement, par suite des vibrations communiquées à la tige filetée. Employé pour le graissage des anciens paliers d'arbres de transmission et remplacé généralement par le graissage à bague.

Graisseur dit coup de poing (fig. 274). — En appuyant sur la tige A qui forme piston dans le gros tube central du graisseur, on envoie une quantité déterminée d'huile à l'organe à lubrifier : employé pour les petits moteurs de motocycles pour fournir au besoin un supplément au graissage normal.

Démonstration du graissage par mèche (fig. 275). — Une mèche formée de fils de coton plonge dans l'huile et amène, *par capillarité*, cette huile dans l'orifice à graisser. Ce procédé est bon pour les arbres peu chargés, tournant à faible vitesse ; il a l'inconvénient de ne pas arrêter complètement le débit d'huile quand l'arbre ne tourne plus.

Graisseur hermétique (fig. 277) pour organes en mouvement : l'huile projetée par le mouvement du graisseur passe dans un orifice annulaire très étroit.

Graisseur à mèche à bouchon hermétique rodé (fig. 278). — Employé pour bielles et excentriques.

Graisseurs compte-gouttes (fig. 276 et 279). — La figure 276 fait voir le détail de construction de ces appareils dont le débit dépend de la hauteur de levée du pointeau central H ; en basculant la tête A, on ouvre ou l'on ferme le pointeau : le mécanicien doit donc ouvrir les graisseurs à la mise en marche et les fermer à l'arrêt : il l'oublie souvent !

Le meilleur graissage pour organes soumis seulement à la pression atmosphérique est certainement celui par **bagues à bains d'huile**. L'ancien graissage **à rotins**, décrit au *volume III* est à peu près abandonné.

2° **Graissage par barbotage.** — Les organes en mouvement sont enfermés dans un **carter** étanche dans lequel on maintient l'huile ou bien un mélange d'huile et de graisse à un certain niveau ; le lubrifiant projeté de toutes parts, graisse même les tourillons des arbres traversant le carter et retombe au fond de celui-ci.

Ce système est employé pour les moteurs, les changements de vitesse et les ponts arrière d'automobiles ainsi que pour les moteurs fixes à grande vitesse du type vertical surtout.

Il a l'inconvénient de projeter sur les parties frottantes une huile de plus en plus sale et dans laquelle peuvent même se trouver des particules métalliques ou des fragments de dents d'engrenages brisées : on doit toujours prévoir, dans le fond des carters, une partie profonde où les matières lourdes peuvent se rassembler, il faut vidanger fréquemment l'huile des carters et la remplacer par de l'huile propre ; les déchets d'huile des carters de moteurs contiennent des poussières charbonneuses et métalliques ; on peut les épurer par filtration et s'en servir pour des graissages secondaires ou pour le travail des métaux.

Graissage par circulation d'huile et barbotage. — Ce procédé est généralement employé maintenant sur les moteurs d'automobiles et d'aviation ; nous en citerons, comme exemple, le moteur Peugeot dont la partie inférieure, carter, arbre, manivelle et tête de bielles, est représentée figure 280.

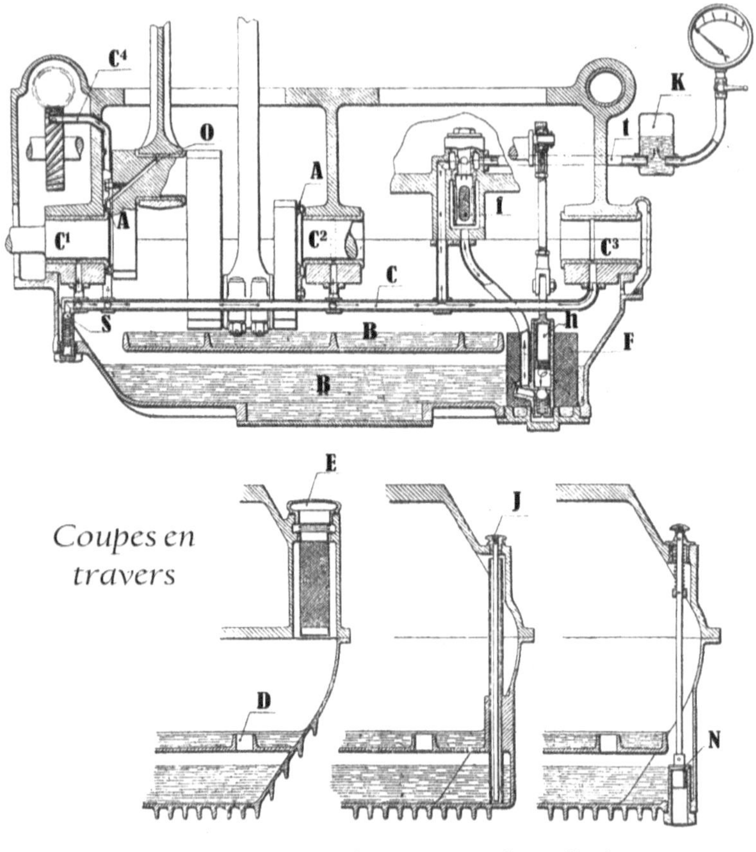

Fig. 280. - Graissage par barbotage et circulation d'huile.

Le graissage est fait par une pompe à piston H placée dans le carter. Cette pompe prend l'huile au travers d'un filtre F, dans un double fond du carter formant réservoir K et l'envoie sous pression dans un collecteur C, sur lequel sont branchés quatre tuyaux ; trois allant aux paliers C^1 C^2 C^3 et le quatrième C^4 allant au carter des engrenages de distribution.

Sur cette canalisation se trouve un filtre à mailles fines *f* destiné à arrêter les impuretés contenues dans l'huile et un tuyau *t* allant au **manomètre** placé en vue du conducteur. À l'autre extrémité un clapet de sûreté S limite la pression d'huile. L'huile arrivant *sous pression* aux paliers sort de chaque côté des coussinets par des rigoles appropriées et tombe dans des augets A fixés aux bras du vilebrequin : de là, elle est envoyée *par force centrifuge* aux têtes de bielles par des trous *o* percés dans l'arbre. Toute l'huile en circulation retombe ensuite dans des compartiments de barbotage B, ce qui assure le graissage des cylindres et des organes de distribution. Lorsque le niveau des compartiments de barbotage est atteint, l'huile se déverse par des cheminées D, de hauteur réglée, dans le carter inférieur pour être de nouveau mise en circulation par la pompe.

Le remplissage du réservoir d'huile s'effectue par le bouchon E muni d'un filtre. Une soupape N établit le niveau d'huile au moment du remplissage et une jauge J indique la quantité d'huile contenue dans le carter.

L'appareil K placé sur la conduite du manomètre sert d'antipulsateur et permet une lecture plus facile au manomètre.

La pompe à huile H est commandée par un excentrique monté sur billes en bout de l'arbre à cames, elle ne comporte qu'un clapet de refoulement.

Graissage par circulation d'huile dans les paliers à bagues. — *Voir volume IX. Arbres des génératrices électriques.*

Graissage des organes en mouvement. — On emploie le **lécheur** décrit au *volume IX*, pour les **crosses de pistons**, les **coulisses** et les **têtes de bielle** ; la figure 281 montre l'installation d'un lécheur sur une tête de bielle.

Graisseurs à pulsion d'huile. — Le graissage forcé peut être fait par un propulseur mécanique mû par une biellette reliée à un organe en mouvement de la machine ou par la pression d'un gaz, de vapeur ou d'un liquide.

L'*oléo-compresseur Hamelle* représenté figures 282 et 283 comporte une ou plusieurs petites pompes mues par un bras oscillant L, refoulant l'huile dans un **distributeur** à plusieurs débits visibles d'où elle est menée par des tubes en cuivre, D D

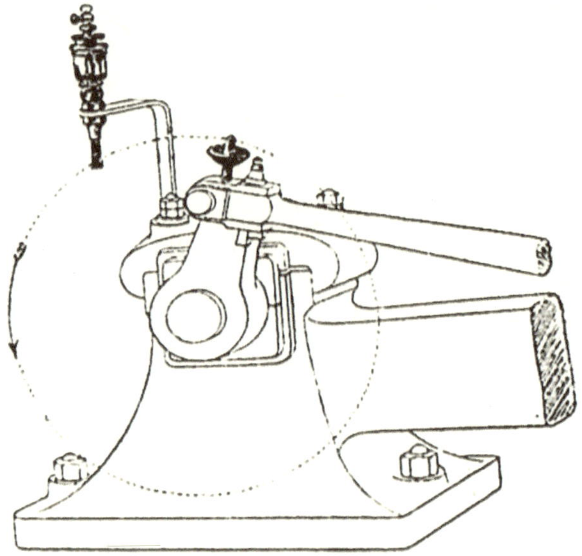

Fig. 281. - Graissage d'une tête de bielle par *lécheur*.

D, aux organes à lubrifier ; chaque débit visible (fig. 282) est réglable par un pointeau H.

Un seul appareil permet ainsi d'assurer le graissage exact de tous les organes d'une machine.

Le **graisseur mécanique** à piston ou à vis est surtout appliqué aux cylindres des machines à vapeur ou des compresseurs d'air. Celui représenté par la figure 284 comprend un corps de pompe A que l'on remplit d'huile par le godet B fermé par le pointeau à béquille C. Un piston plongeur, mû par une tige filetée, refoule dans son mouvement descendant l'huile contenue dans le corps de pompe et l'envoie à l'organe à graisser par la conduite N. La tige filetée est reliée à un volant L permettant de la commander directement et à une roue dentée F qui est commandée par la vis sans fin G. Cette vis tourne avec un rochet du cliquet H auquel le levier L solidaire d'un mouvement quelconque de la machine, imprime une course plus ou moins longue, suivant que le curseur K est plus ou moins éloigné du cliquet H sur la tige du levier. La petite roue M déplace la roue dentée F et permet ainsi de l'engrener avec la vis sans fin G ou de la relever au-dessus de cette vis.

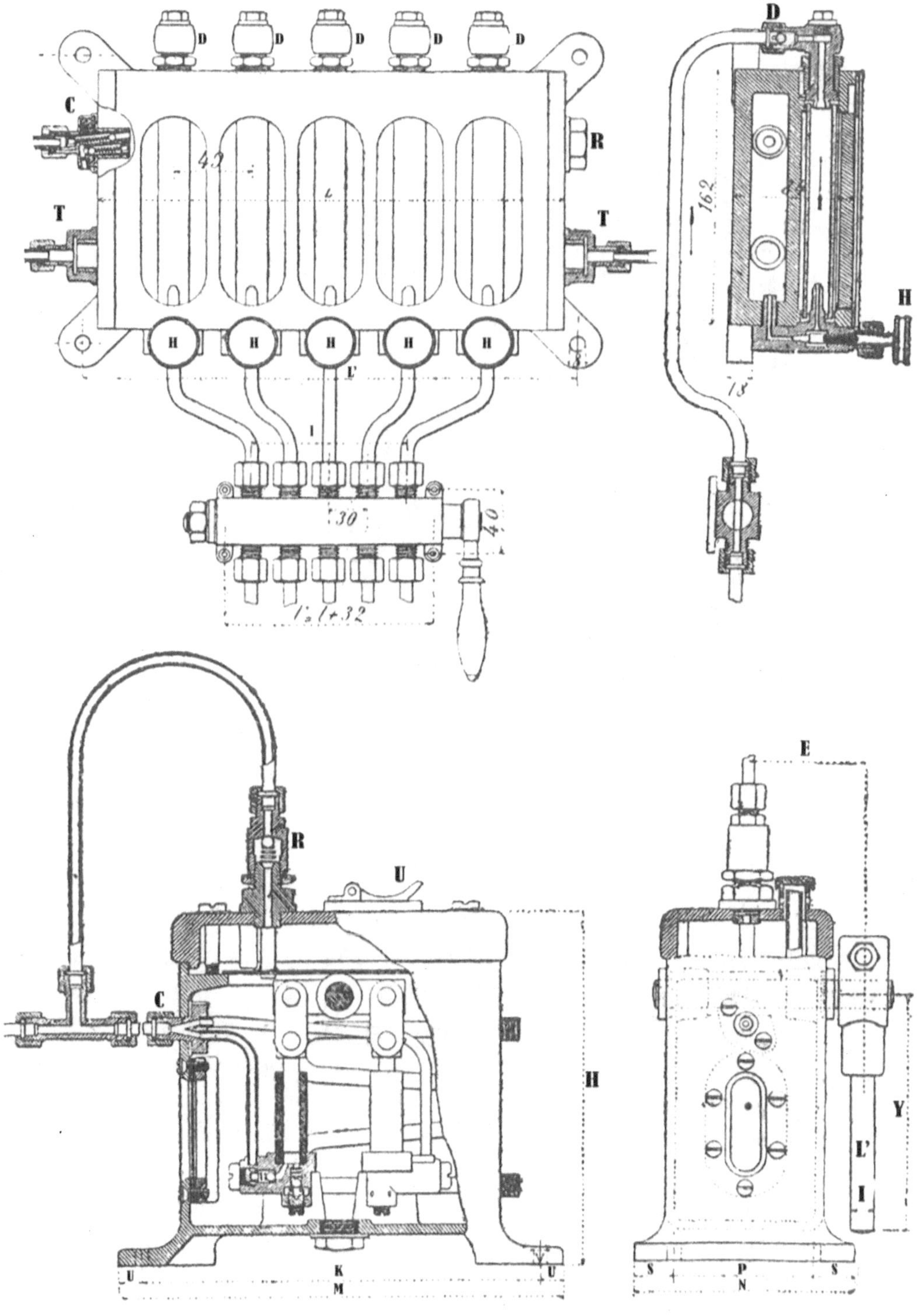

Fig. 282. - Oléo-compresseur *Hamelle* (coupe).

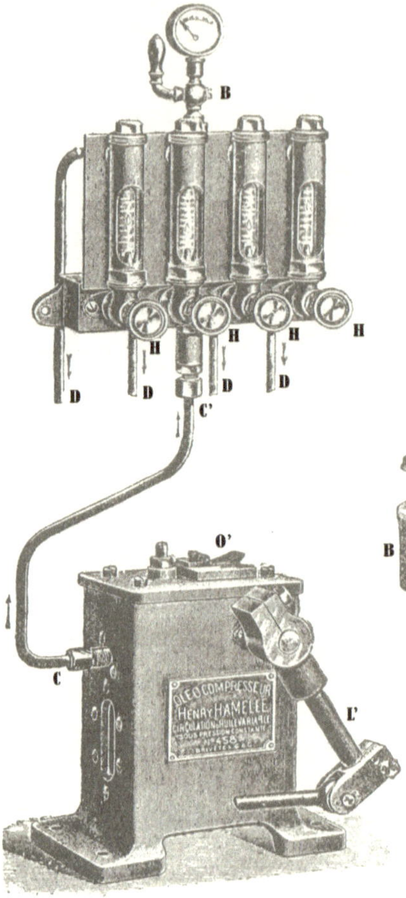

Fig. 283. - Oléo-compresseur.

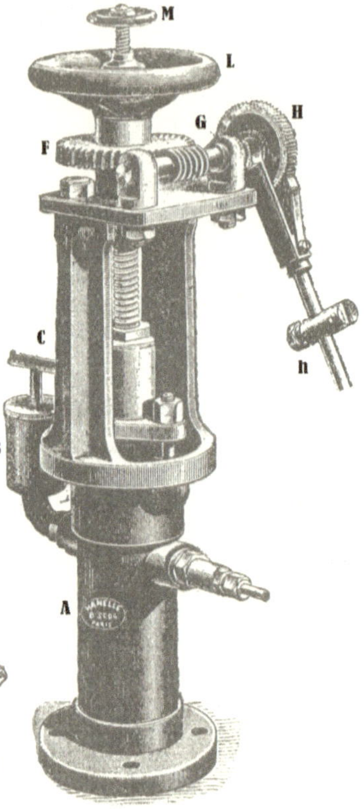

Fig. 284. - Graisseur à piston.

Il existe de nombreux systèmes analogues à ce dernier, agissant soit par piston soit par palette oscillante ou autres genres de pompe : la figure 287 en montre un modèle à piston.

Les figures 286 et 288 représentent des graisseurs employés surtout sur les automobiles ; dans l'un la pompe à huile est mue par un volant à friction ou à courroie que l'on voit en V derrière le réservoir d'huile ; dans l'autre, elle est mue parmi bras *b* auquel s'attache une biellette ou la tige d'un excentrique.

L'appareil figure 289 distribue l'huile sous la **pression des gaz d'échappement** d'un moteur d'automobile ou autre ; son fonctionnement pourrait aussi être assuré par de l'air comprimé ou une pression quelconque de vapeur ou autre ; la pression agit sur le tube *t*.

L'avantage des graisseurs à pulsion d'huile est que leur débit est *forcé* et qu'il *s'arrête* automatiquement lorsque la machine cesse de tourner. Les canalisations d'huile doivent être munies de petits *clapets empêchant le retour de l'huile à la pompe* en cas de surpression extérieure ou d'arrêt momentané de la pompe.

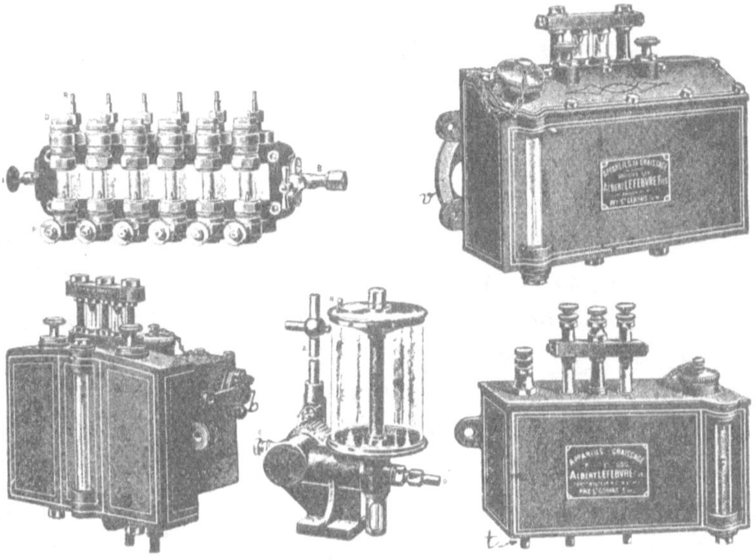

Fig. 285 à 289. - Graisseurs par pression d'huile.

Installation et mise en marche des oléo-compresseurs. — *Le réservoir contenant les pompes* est fixé par son patin sur le bâti de la machine ou en tout autre point de manière à faciliter la commande du levier.

Dans le cas où l'on veut assurer avec un seul appareil le graissage simultané de plusieurs machines, on peut, si l'usine dispose du courant nécessaire, rendre l'oléo-compresseur indépendant, en l'actionnant par un petit moteur électrique.

La rampe de distribution (fig. 285) est placée soit sur la machine, soit ailleurs, à n'importe quelle distance ; on peut donc choisir l'emplacement le plus favorable à la surveillance.

Sur le tuyau qui relie le réservoir des pompes à la rampe de distribution, est monté un raccord à T qui permet le retour direct de l'huile par clapet réglable. Un *manomètre* indique la pression de l'huile.

Pour le *graissage sous pression des cylindres*, des tiroirs, ou des prises de vapeur, les raccords de départ des tubes à gouttes visibles sont munis de *clapets à billes* empêchant les retours d'huile ; les organes à graisser sont munis de robinets d'introduction. Pour le graissage des mouvements, les raccords n'ont pas de clapets. Les tuyaux partant de ces raccords suivent les sinuosités des pièces fixes principales de la machine jusqu'aux divers points à graisser, sur lesquels les gouttes d'huile tombent librement. Pour les organes en mouvement tels que bielles, crosses de piston, excentriques, sur lesquels il est impossible de fixer l'extrémité du tuyau d'amenée d'huile, on peut placer sur les points à graisser des godets qui reçoivent les gouttes de lubrifiant par l'intermédiaire de **lécheurs** (fig. 280). *Voir Bielles, Volume IX.*)

Les appareils étant installés, il convient, pour la première mise en marche, de faire le plein de la rampe en actionnant le levier à la main. La première oscillation de l'aiguille du manomètre indique que la rampe est en charge.

Pour le **graissage dans la vapeur** il faut, avant de mettre le graisseur en fonctionnement, faire circuler l'huile dans les tuyaux allant des compte-gouttes aux robinets d'introduction. Ces robinets portent un petit pointeau de purge qui permet de s'assurer que les tuyaux sont pleins.

Pompes pour circulation d'huile. — Ces pompes sont généralement à **piston plongeur** et les soupapes sont constituées par des billes en acier.

Pour le service des machines-outils on emploie de petites pompes centrifuges et des **pompes à pignons** ou à **palettes excentrées.** (*Voir volume XIX : Pompes.*)

Graissage par trou central d'axe. — Les boulons graisseurs ont été décrits *volume I* ; les *arbres manivelles* graissés par trou central sont au *volume IX.*

Le graissage par canal central à un arbre se fait soit avec un stauffer, soit par pression d'huile, ou en utilisant la force centrifuge. (*Voir Bielles et arbres manivelles, volume IX.*)

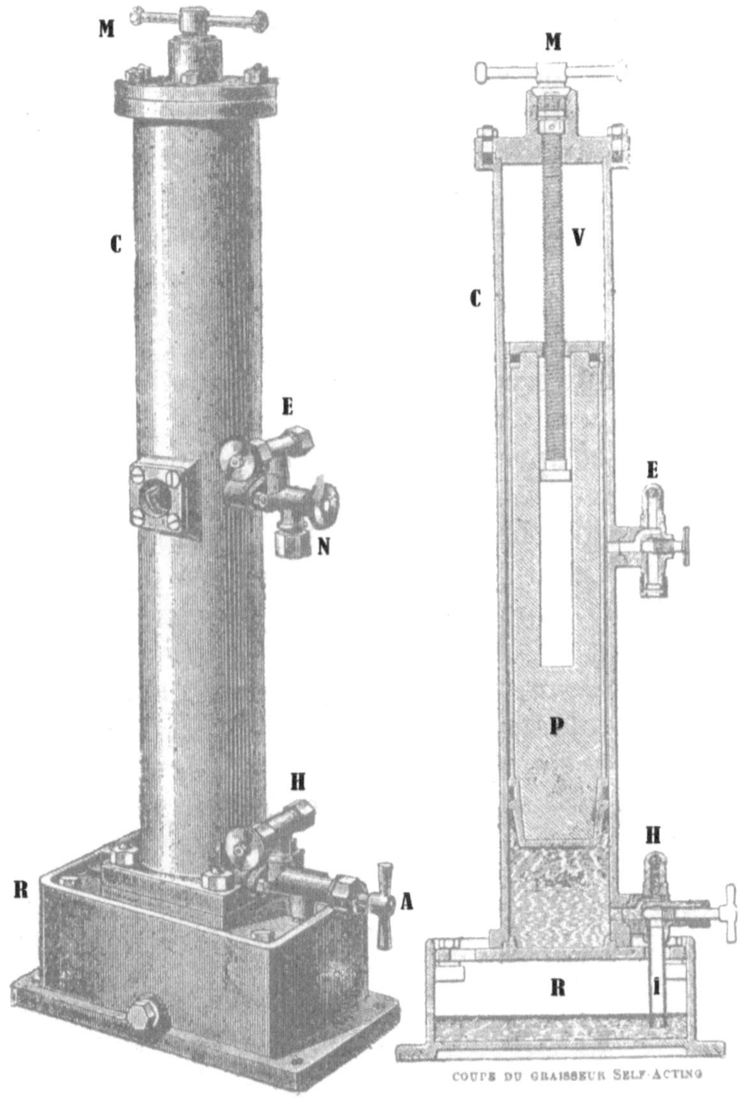

Fig. 290. - Graisseur Bourdon.

Graisseur Self-Acting E. Bourdon. — Ce graisseur est ainsi nommé parce qu'il renferme en lui-même son moteur.

Il se compose d'un cylindre vertical C fermé à ses deux extrémités par des plateaux étanches et monté sur un socle rectangulaire R formant réservoir d'huile (fig. 290).

Le cylindre porte à l'extérieur deux groupes de robinets.

Dans le groupe supérieur, le pointeau E met le cylindre en communication avec la prise de vapeur faite sur la machine, et le pointeau N sert à l'évacuation de l'eau quand on remplit le graisseur. Dans le groupe inférieur, le pointeau H sert à l'écoulement de l'huile de graissage, et le pointeau A permet d'aspirer l'huile dans le socle R, au moment du remplissage.

À l'intérieur du cylindre (*voir le dessin en coupe*) se trouve un piston P chargé de plomb et garni d'amiante à la partie inférieure. Une vis V permet de remonter le piston au moyen d'une manivelle que l'on place sur le carré de la vis, après avoir enlevé le bouchon M.

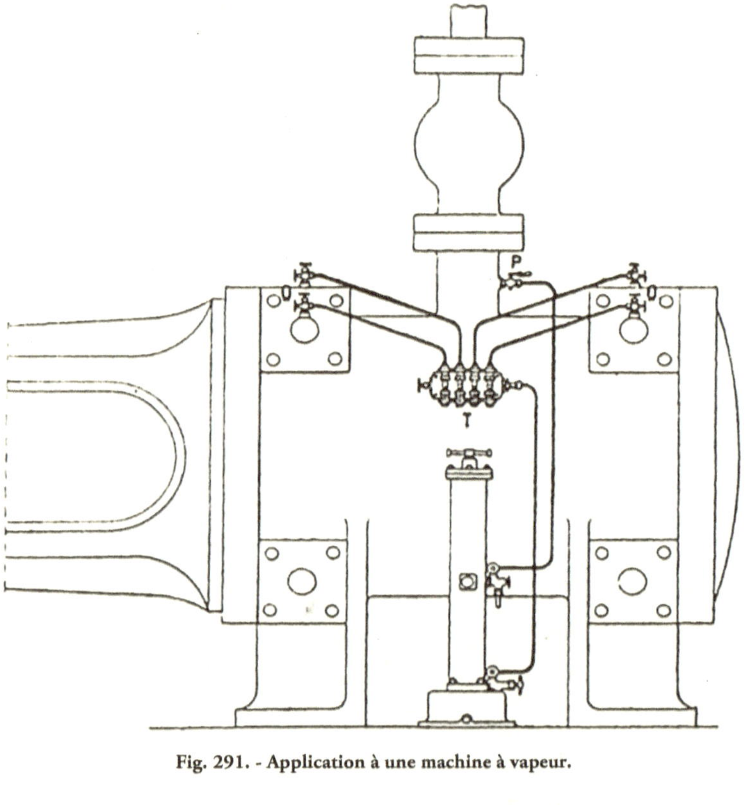

Fig. 291. - Application à une machine à vapeur.

Enfin, sur le piston est fixée une règle graduée visible de l'extérieur par le regard à glace placé sur le devant du cylindre. Cette combinaison permet de connaître à chaque instant la position du piston dans le cylindre

On voit que le *Graisseur Self-Acting* n'a besoin ni d'une charge d'eau, ni d'un mouvement mécanique, pour produire l'écoulement de l'huile.

Le piston P, soumis sur ses deux faces à la pression de la vapeur, agit sur l'huile par son propre poids, et lui communique une pression supplémentaire toujours constante.

Le poids et la surface du piston sont calculés pour que cette pression soit au moins de *trois hectogrammes* par centimètre carré.

L'appareil peut fournir un ou plusieurs orifices de graissage, comme le montre l'application (fig. 291) aux valves d'une machine à vapeur Corliss ; un distributeur à quatre compte-gouttes visibles divise le jet d'huile à quatre tubes distincts.

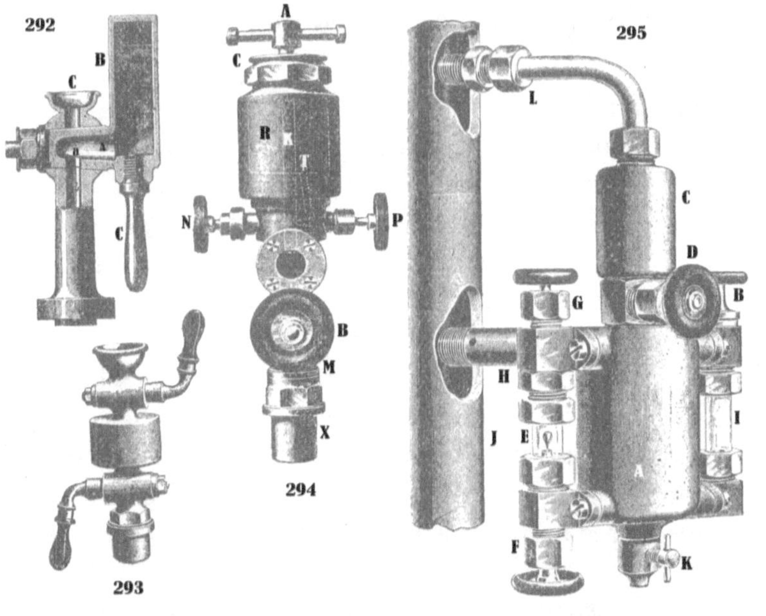

Fig. 292 à 295. - Graisseurs sous pression.

4° **Appareils graissant par gravité sous pression.** — Dans ces appareils la pression est la même au-dessus et au-dessous du récipient contenant l'huile qui coule par son propre poids sur l'organe à lubrifier. On emploie surtout ces graisseurs pour les cylindres et tiroirs de machines à vapeur, la haute température favorisant l'écoulement naturel de l'huile.

Robinet graisseur Brechbiel. — Très simple et ingénieux, cet appareil est un simple robinet surmonté d'un entonnoir (fig. 292), mais sa clef porte un récipient entièrement clos dans lequel on verse facilement l'huile quand la poignée C est en haut ; en tournant cette poignée vers le bas, comme figure 292, l'huile s'écoule dans l'organe à graisser quelle que soit la pression qui y règne.

Graisseur double (fig. 293). — Le robinet inférieur étant fermé, on remplit le réservoir D parle godet supérieur ; on ferme le robinet supérieur et on ouvre l'inférieur. La pression de vapeur s'établit aussitôt dans le réservoir plein d'huile et celle-ci s'écoule plus ou moins vite, par son seul poids, selon le diamètre de l'orifice du robinet inférieur. Le défaut de cet appareil est de ne donner aucun moyen de contrôle sur la présence de l'huile dans le réservoir et son écoulement.

Graisseur Hamelle (fig. 294). — Son fonctionnement est basé sur l'écoulement naturel par un orifice avec pointeau de réglage, de l'huile contenue dans un récipient dont la partie supérieure est en équilibre de pression avec l'espace à graisser.

Il se compose d'un réservoir R monté sur un robinet principal B. Entre ces deux éléments se trouve un douille regard vitré et les pointeaux de réglage et de vidange.

Le graisseur se monte par le pied X sur la paroi de l'espace à graisser. La vapeur pénètre dans l'appareil par le robinet, emplit la capacité correspondant aux regards et par le tube K exerce sa pression à la partie supérieure de l'huile. Celte huile peut ainsi s'écouler par le tube T et le robinet à pointeau P qui en règle le débit.

L'écoulement de l'huile se produit entre les deux regards vitrés par l'extrémité du tube K. De cette façon le débit est toujours apparent, même si par suite d'une condensation intense dans le réservoir, l'eau déplaçait l'huile jusqu'à la faire déborder par l'orifice supérieur du tube K.

Pour mettre l'huile dans le graisseur on devra :

1° Fermer le grand volant B.

2° Fermer le pointeau P.

3° Ouvrir la clef A pour mettre en communication la cuvette C avec le récipient B. Verser alors l'huile dans la cuvette C de façon à remplir le récipient R, mais en ayant soin de ne pas faire monter l'huile plus haut que l'orifice du tube K : sans quoi elle passerait par ce tube et remplirait la partie O ; cette huile serait perdue et pourrait gêner le fonctionnement de l'appareil. Pour éviter cet inconvénient on remplit l'appareil avec une mesure ayant la contenance exacte du récipient R.

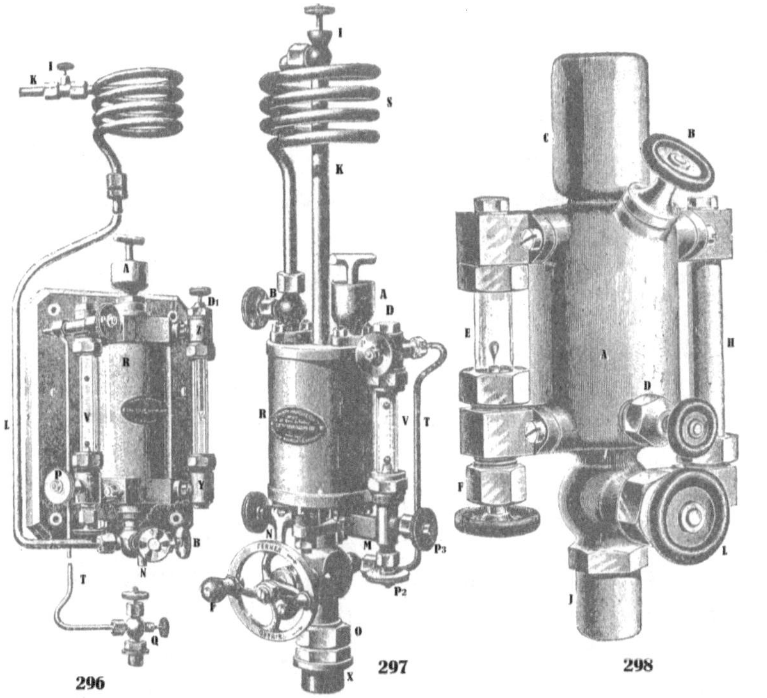

Fig. 296 à 298. - Graisseurs à condensation.

Le graisseur étant plein :

1° Fermer fortement la clef A.

2° Ouvrir le grand volant B.

3° Ouvrir légèrement le pointeau P.

Le pointeau P doit être ouvert de façon à laisser tomber l'huile goutte à goutte ; on règle ainsi le débit aussi exactement qu'on le désire.

Ce graisseur perfectionné peut être employé avec vapeur à température élevée, il convient aussi au graissage des cylindres de machines à vapeur *à condensation*, mais il faut alors munir la partie supérieure du tube K d'un petit clapet de retenue indispensable.

Graisseurs automatiques à condensation ou colonne d'eau. — M. *Armengaud* attribue à Ragotine l'invention du premier graisseur de ce genre : la pression étant équilibrée sur l'huile, on charge celle-ci d'une colonne d'eau plus ou moins haute dont le poids presse sur la couche d'huile et favorise son écoulement dans les tubes de répartition.

L'**Oléomètre** de M. *E. Bourdon*, que montrent les figures 296 et 297 se compose d'un réservoir d'huile qui reçoit la vapeur par un tube supérieur avec serpentin activant la condensation. L'huile surnage l'eau qui arrive dans le fond du réservoir et s'écoule par un *compte-gouttes* V dans une canalisation inférieure ; un tube de niveau V' (fig. 296) permet de voir les quantités d'eau et d'huile contenues dans le récipient R.

Dans l'appareil figure 295 (*Glaenzer et Perreaud*), le principe est le même, mais le serpentin est remplacé par un réservoir C. La vapeur arrive en I et l'huile entre en H dans la conduite de vapeur.

Ces **oléomètres à condensation** peuvent se placer à une certaine distance mais a un niveau plus élevé que celui de l'organe à lubrifier, en suivant les instructions données plus loin.

Le **graisseur à condensation** figure 298 de MM. *Glaenzer et Perreaud* se place directement au-dessus du cylindre ou du tiroir : il repose sur les mêmes principes que les précédents, mais les orifices d'entrée de vapeur et de sortie d'huile sont réunis en un seul en J.

Tous ces appareils comportent un pointeau de réglage du débit d'huile et un **robinet purgeur** permettant de vider l'eau quand on veut remplir le récipient d'huile.

Nota. Les appareils graisseurs *employant la vapeur pour entraîner l'huile* ne sont pas évidemment applicables à d'autres machines employant des fluides sous pression autres que la vapeur : celle-ci entraîne l'huile grâce à la température élevée.

Dans les compresseurs d'air, par exemple, il faut employer des appareils à pulsion mécanique ou n'employant que la pesanteur comme moyen de pénétration ; ou, de préférence, le graissage par barbotage dans un carter étanche.

Graissage complet des chaînes à rouleaux.

Les chaînes à rouleaux, les chaînes Galle et autres qui ont des roulements précis doivent être graissées à fond, car, si l'on se borne à les arroser d'huile extérieurement, celle huile ne pénètre pas ou peu dans les roulements.

Une fois la chaîne bien nettoyée par trempage et agitation dans l'essence ou dans le bain de potasse chaude, faites fondre dans une marmite de la vaseline, ou du suif de mouton ou de bœuf, additionnés si vous voulez d'une certaine quantité de graphite, de bonne qualité : trempez-y entièrement la chaîne en la remuant de temps en temps pour que la graisse pénètre bien partout ; laissez refroidir et ne retirez la chaîne que lorsque la graisse commence à s'épaissir un peu.

Ainsi il en restera dans le cœur des roulements qui dureront longtemps.

Arbre qui chauffe et grippe.

Dès qu'on s'aperçoit qu'un palier chauffe (à l'odeur d'huile qu'il dégage, par exemple), il faut, si c'est possible, arrêter la machine et se rendre compte des causes qui provoquent cet accident : c'est généralement manque de graissage ou excès de serrage du palier.

Mais s'il n'est pas possible d'arrêter, il faut de suite chercher à faire pénétrer dans le palier une bonne quantité d'huile fluide additionnée d'un dixième de **fleur de soufre** ou **soufre sublimé**, qui est en poudre très fine et desserrer légèrement les coussinets.

Ce procédé très ancien donne d'excellents résultats et, le plus souvent, l'arbre cesse rapidement de chauffer sous l'influence de ce traitement.

Quand la machine a été arrêtée, démontez le palier qui a chauffé et saupoudrez les coussinets avec de la fleur de soufre qui refera le poli des surfaces et empêchera de chauffer à nouveau.

Si l'arbre et les coussinets ont grippé, il faut les gratter avec un grattoir bien tranchant et enlever toutes les aspérités de métal arraché, ensuite polir avec de la toile émeri imbibée d'huile et roder les surfaces l'une sur l'autre avec de la toile d'émeri très fine.

Après avoir bien enlevé tout l'émeri par lavage à l'essence, on graissera avec l'huile mêlée de fleur de soufre et on surveillera la marche de ce palier, car un roulement qui a grippé une fois est prédisposé à recommencer.

Graisse consistante et dégras économiques.

Pour préparer économiquement une très bonne graisse consistante, ainsi que les graisses pour l'entretien des machines auxquelles on veut éviter la rouille, prenez du suif de mouton, faites-le fondre et écumez bien ; ajoutez-y les déchets d'huiles épurés et filtrés et mêlez bien le tout à chaud ; mettez dans des boîtes pour conserver.

En mettant moitié suif, moitié huile, on a une graisse de consistance ordinaire, mais on peut mettre plus ou moins de l'un ou de l'autre si l'on veut une graisse épaisse ou si l'on désire un **dégras** un peu liquide pour enduire les machines que l'on veut empêcher de rouiller.

Enduit protecteur pour machines en magasin.

En ajoutant une certaine proportion de céruse ou de blanc de zinc au dégras ci-dessus, on obtient un très bon enduit contre la rouille pour les machines en magasin :

1 kilo de suif de mouton.
2 kilos d'huile,
0 k. 500 de poudre blanche, font une bonne proportion.

CHAPITRE XIV

ENVELOPPES CALORIFUGES

Calorifuge économique. — Les calorifuges pour chaudières et tuyaux de vapeur ou de conduite de liquides ou d'air chaud se vendent généralement sous forme de *plaques planes ou courbes* à base de **terres d'infusoires** ou d'agglomérés de liège : ils coûtent fort cher. Voici un procédé que j'ai employé jadis dans mes ateliers sur une grande chaudière à vapeur et qui est excellent et peu coûteux :

1° J'entoure toute la chaudière et tous les tuyaux de vapeur avec du grillage de fil de fer galvanisé à très larges mailles (grillage de clôtures de chasses ou poulaillers (mailles hexagonales), en ayant soin d'interposer entre la tôle et le grillage des liteaux en sapin de 3 x 3 centimètres, de place en place, de façon qu'il reste un espace vide entre la tôle et le grillage.

2° Je gâche du plâtre clair, à raison d'un sac de 25 kilos de plâtre pour 3 seaux d'eau (45 litres) et j'y ajoute 50 litres environ de sciure de bois blanc aussi grossière que possible (la sciure fine ne vaudrait rien) ; avec ce mélange, je fais **rapidement** un enduit épais de 6 ou 7 centimètres sur le grillage en faisant bien pénétrer l'enduit entre le grillage et la tôle. Il faut faire vite, car le plâtre n'attend pas. Une fois cet enduit bien lissé, je l'entoure de bandes de toile d'emballage peintes ensuite avec un mélange de silicate de soude et eau par moitié, ocre rouge ou jaune pour colorer agréablement. Très solide, très calorifuge et pas cher.

Le meilleur isolant de la chaleur et du froid est le vide absolu qui est mis a profil dans la double enveloppe des *bouteilles dites Thermos* permettant de conserver froids ou chauds, en voyage, des aliments liquides.

Mais ce procédé est généralement inapplicable industriellement. Un matelas d'air enfermé entre deux parois de telle sorte que la circulation de l'air soit impossible, constitue un très bon isolant.

Les enveloppes calorifuges se font avec les matières suivantes classées dans l'ordre de leurs pouvoirs calorifuges en commençant par les meilleurs :

1°. Bandes de feutre, de poils, de laine ou *de coton* ;
2°. Bourre de soie ou *de poils* ;
3°. Mortier d'amiante, de *kieselguhr* ou *terre d'infusoires*, de *terre fossile* ;
4°. Agglomérés de liège ;
5°. Plaques de carton ondulé ou de *papier d'amiante ondulé*, enfermant un matelas d'air ;
6°. Carton d'amiante.

Lorsque l'objet à calorifuger est à une température dépassant 120 degrés, il faut mettre une couche incombustible (amiante, par exemple), entre la surface chaude et les produits végétaux ou animaux qui seraient détériorés par la forte chaleur.

La **couche isolante** est d'autant meilleure qu'elle est plus épaisse ; il faut au moins 4 à 5 centimètres d'épaisseur isolante pour une chaudière ou des tuyaux de vapeur.

Pour des **conduites frigorifères**, 2 à 3 centimètres sont suffisants.

CHAPITRE XV

LES RÉSERVOIRS

La création d'un réservoir de grande capacité s'impose dans la plupart des installations non seulement parce qu'elle permet d'avoir une réserve d'eau disponible lorsque les machines sont au repos ou en réparation, mais surtout lorsqu'on utilise les forces naturelles, eau ou vent, dont l'inconstance doit être tempérée par la prévoyance de l'ingénieur chargé des travaux.

Selon les ressources locales, la nature des terrains et leur topographie, l'installation du réservoir sera différente ; nous allons examiner successivement et en détail chaque mode de construction de cet accessoire indispensable d'une organisation bien faite.

Réservoirs naturels et citernes.

Lorsqu'on dispose d'espaces considérables, il est souvent possible d'établir, *dans le sol même*, un réservoir parfaitement convenable sous la forme d'un étang ou citerne creusé dans la partie la plus élevée des terrains à irriguer.

Si le sol est, à cet endroit, formé d'*argile compacte* ou de *terres fortes*, l'étanchéité de cet étang artificiel sera suffisamment assurée par la nature même du sol.

Si, au contraire, le sol est *sablonneux*, formé de *terres friables* ou *calcaires*, ou encore de *roches fissurées*, il sera nécessaire d'obtenir l'étanchéité de la cuvette destinée à recevoir les eaux pompées par un revêtement approprié.

Ce revêtement peut être fait efficacement par plusieurs procédés.

Si l'on dispose d'une quantité suffisante d'argile plastique à proximité, on devra, après avoir creusé l'étang de la largeur et profondeur déterminées, faire sur toute la surface du fond et des accotements, un *glacis* d'argile de 20 centimètres au moins d'épaisseur, en ayant soin de tasser fortement la terre argileuse par un pilonnage soigneusement fait, de façon que le revêtement ainsi constitué, n'offre aucune fissure propre à la fuite des eaux dans le sous-sol perméable.

On pourra ainsi constituer souvent un réservoir parfaitement étanche, à peu de frais, et d'une contenance de plusieurs centaines de mètres cubes.

Un tel réservoir creusé dans le sol en forme de cuvette ou étang, peut être aussi rendu étanche par un revêtement en ciment armé de 7 à 8 centimètres d'épaisseur ; l'**armature** est en ce cas constituée par des fers ronds ou carrés de 8 millimètres de diamètre environ, entrelacés à 20 centimètres les uns des autres, en forme de losanges ou carrés, et noyés dans la masse du béton de ciment ; ou par un grillage en fil de fer ou en *métal Déployé* (fig. 305), enrobé de béton de ciment.

Il est bien évident qu'un tel genre de réservoir ne saurait être établi sur des terrains mouvants, glissants ou ébouleux : mais il peut l'être avantageusement, dans de nombreux cas, sur des plateaux surplombant de vastes étendues de vallées, et dont le sol, quoique perméable, n'est pas sujet aux causes de désagrégation énumérées ci-dessus.

La profondeur à laquelle ces réservoirs naturels peuvent être creusés, dépend évidemment de la nature du sol ; en principe, à moins d'un sol argileux compact ou rocheux, il ne faut pas leur donner une profondeur supérieure à 1 mètre, afin d'éviter une trop grande charge d'eau sur le fond.

Au-dessus de cette profondeur, le revêtement des murailles devra être fait soit en maçonnerie soit en ciment armé d'épaisseur suffisante pour résister a la poussée possible des terres lorsque le réservoir sera vide et à la pression de l'eau lorsqu'il sera plein.

C'est alors une véritable citerne que l'on aura à construire ; nous en parlerons au *volume XX.*

Enfin, il sera, dans certains cas, possible d'établir un réservoir naturel par le barrage d'une petite vallée ou d'une dépression quelconque de terrain ; il est bien évident que ce travail ne saurait être fait utilement que si le sol de ladite vallée ou dépression est suffisamment imperméable pour retenir les eaux. Ce procédé est appliqué en grand pour les réservoirs d'alimentation des canaux de navigation, de certaines villes et pour les forces hydrauliques.

En ce cas, les barrages peuvent être constitués soit par des ouvrages en maçonnerie, soit par des travaux en béton armé ; dans l'un et l'autre cas, les calculs d'un homme de l'art s'imposent ainsi qu'une étude approfondie des terrains de surface et des fondations du barrage.

Réservoirs en métal

Les **réservoirs en zinc** ne sont acceptables que pour de très faibles contenances de quelques centaines de litres ; encore est-il nécessaire qu'ils soient soutenus extérieurement par des armatures en charpentes en fer très solides, les feuilles de zinc se déformant sous le moindre effort.

Les **réservoirs en tôle de fer ou d'acier**, d'épaisseur convenablement calculée, peuvent être adoptés quand il s'agit de contenances inférieures à 500 mètres cubes.

Il y a lieu cependant de tenir compte de la difficulté du transport et de l'installation sur place de ces pièces métalliques de poids considérable et de grand encombrement.

Les réservoirs en tôle doivent être préservés de la rouille le plus complètement possible. La rouille, en effet, détériore lentement mais sûrement les tôles, y forme des trous et diminue peu à peu la résistance générale du réservoir. On devra donc, s'il s'agit d'une installation permanente, adopter de préférence des réservoirs en tôle galvanisée, c'est-à-dire recouverte d'une couche de zinc inoxydable. Autrement, ces réservoirs en tôle devront être peints *au minium*, deux couches, le métal gratté lors de leur installation, cette peinture étant recouverte d'une couche de peinture au goudron chaud. La peinture minium et goudron sera faite intérieurement et extérieurement. Tous les

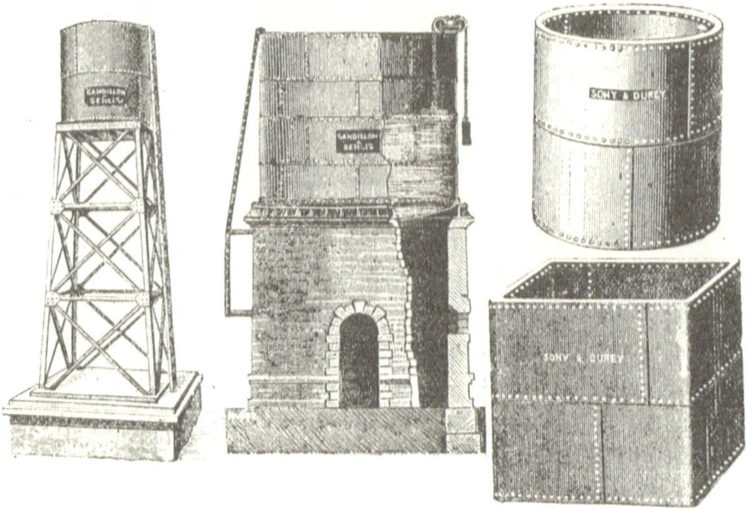

Fig. 299 à 301. - Réservoirs en tôle.

ans on devra vérifier l'état de la peinture, gratter les endroits où elle serait soulevée et éclatée, réparer ces endroits par une application de minium, deux couches, et renouveler la peinture générale au goudron. Étant bien entretenus, on voit que les réservoirs métalliques doivent durer à peu près indéfiniment, mais qu'il y a à prévoir avec eux des frais d'entretien annuels assez importants.

Les réservoirs métalliques sont généralement établis sur des pylônes ou tours en maçonnerie, en ciment armé ou sur charpentes en bois ou en fer (fig. 299 à 301).

Leur surface de fond doit être entièrement soutenue par une charpente dont les poutrelles sont suffisamment rapprochées pour éviter le fléchissement des tôles de fond sous la charge d'eau. La distance de ces poutrelles dépend de l'épaisseur des tôles de fond et de la charge d'eau dans le réservoir. Elle varie généralement entre 0 m. 20 et 0 m. 40 selon la valeur des éléments ci-dessus.

Entre les poutrelles de la charpente et les tôles de fond du réservoir on interpose des *semelles* en bois de chêne, goudronnées et entaillées à la forme des rivures, épaisseurs saillantes, etc., du fond du réservoir, qui repose d'une façon continue sur ces semelles, en évitant ainsi autant que possible le travail des tôles.

Il est nécessaire que le fond en dessous et le pourtour du réservoir soient accessibles pour les soins de peinture indiqués précédemment.

En hiver, il est nécessaire par les temps de forte gelée de vider les réservoirs métalliques ; en raison de la conductibilité à la chaleur du métal, l'eau risque davantage de se congeler dans ces réservoirs que dans ceux en maçonnerie, et par suite de sa congélation de déformer ou même de faire éclater le réservoir.

Calcul des épaisseurs des tôles de réservoirs. — Les grands réservoirs en tôle rivée ont la forme d'un cylindre terminé, à sa partie inférieure, par une calotte formée d'un segment sphérique (fond bombé extérieurement).

L'effort qui tend à rompre un réservoir suivant une génératrice est exprimée par : $\frac{pD}{2}$, p étant la pression en kilogrammes par millimètre carré, D le diamètre du réservoir ; on a donc :

$$eR = \frac{pD}{2},$$

e étant l'épaisseur de la tôle, R la résistance du métal à la traction par millimètre carré de section, d'où :

$$e = \frac{pD}{2R}$$

Pour la calotte inférieure on prendra $e = \frac{pD}{4R}$

La pression p augmente depuis le haut jusqu'au bas du réservoir ; pour le calcul de la calotte formant le fond on prendra donc la valeur maximum de p.

Les figures 299 à 301 montrent l'installation de réservoirs en tôle et les tableaux ci-dessous en donnent les proportions jusqu'à 100 mètres cubes.

Conservation des réservoirs en fer par enduit de ciment. — Préparez une *barbotine* de ciment Portland mélangé de moitié de sable de rivière très fin et très propre. Cette sorte de mortier semi-liquide s'applique au pinceau sur la tôle *bien nettoyée à vif*, sans peinture surtout, des réservoirs en tôle. Le ciment adhère fort bien sur la tôle et il faut donner successivement plusieurs couches de façon que l'épaisseur de ciment atteigne 6 à 7 millimètres. Cet enduit de ciment protège *absolument* le réservoir de la rouille et le conserve indéfiniment.

Ce procédé est plus économique et meilleur que toute espèce de peinture.

TABLEAU DES POIDS APPROXIMATIFS ET DIMENSIONS DES RÉSERVOIRS DE DIVERSES CAPACITÉS.

RÉSERVOIRS CYLINDRIQUES					CAPACITÉS en LITRES	RÉSERVOIRS RECTANGULAIRES					
DIMENSIONS		ÉPAISSEUR des tôles		POIDS approximatif		DIMENSIONS			ÉPAISSEUR des tôles		POIDS approximatif
Diam.	Hautr	Côtés	Fonds			Longr	Largr	Hautr	Côtés	Fonds	
		m/m	m/m	kil.					m/m	m/m	kil.
0 50	0 50	3	3	50	100	0 60	0 35	0 50	3	3	50
0 50	0 75	3	3	55	150	0 75	0 40	0 50	3	3	65
0 50	1 »	3	3	60	200	0 80	0 50	0 50	3	3	75
0 57	1 »	3	3	80	250	0 80	0 50	0 65	3	3	85
0 80	1 »	3	3	105	500	1 »	0 50	1 »	3	3	125
0 98	1 »	3	3	135	750	1 50	0 50	1 »	3	3	160
1 15	1 »	3	3	155	1000	1 50	0 70	1 »	3	3	200
1 20	1 30	3	4	215	1500	1 60	0 75	1 20	3	4	250
1 30	1 50	3	1	260	2000	1 80	0 90	1 30	3	4	370
1 50	1 50	3	4	315	2500	2 »	1 »	1 30	3	4	400
1 60	1 50	3	4	345	3000	2 20	1 10	1 30	3	4	455
1 75	1 50	3	4	390	3500	2 20	1 20	1 30	1	1	565
1 85	1 50	4	4	480	4000	2 40	1 20	1 50	4	1	635
1 80	2 »	4	4	550	5000	2 50	1 35	1 50	4	4	700
1 95	2 »	4	4	610	6000	2 85	1 50	1 50	1	5	820
2 20	2 »	1	4	695	7000	2 75	1 70	1 50	4	5	975
2 »	2 60	4	4	750	8000	2 75	1 50	2 »	5	5	1200
2 15	2 60	4	4	815	9000	3 »	1 50	2 »	5	5	1285
2 25	2 60	4	4	865	10000	3 »	1 70	2 »	5	5	1390
2 45	2 60	4	4	945	12000	3 »	1 60	2 60	5	5	1660
2 50	3 »	4	4	1075	15000	3 »	1 95	2 60	5	5	1850
2 90	3 »	4	5	1375	20000	3 40	2 »	3 »	5	5	2100
3 30	3 »	5	5	1890	25000	4 »	2 10	3 »	5	5	2825
3 55	3 »	5	5	2070	30000	4 50	2 25	3 »	5	6	3300
3 90	3 »	5	5	2315	35000	4 75	2 50	3 »	5	6	3900
3 60	4 »	5	5	2650	40000	4 »	2 50	4 »	5	6	4250
4 »	4 »	5	6	3060	50000	4 60	2 80	4 »	6	6	5500
4 40	4 »	6	6	3900	60000	4 35	2 80	5 »	6	7	6700
4 45	4 50	6	6	4500	70000	4 70	3 »	5 »	6	7	8000
4 50	5 »	6	6	4900	80000	5 10	3 »	5 »	6	7	
5 10	5 »	6	7	5950	100000	6 »	3 40	5 »	7	7	

Réservoirs en maçonnerie. — Depuis les progrès de l'industrie du ciment armé, les réservoirs en maçonnerie sont à peu près abandonnés à cause de la qualité des fondations et de la grande quantité de matériaux employés à leur construction, et chaque cas particulier doit faire l'objet d'une étude d'architecte ou d'ingénieur compétent.

Si les murs sont bâtis à la chaux ordinaire et seulement enduits intérieurement de ciment, il est évident qu'ils doivent avoir une épaisseur bien plus considérable que s'ils sont construits en briques ou pierres à bain de ciment ou à la chaux hydraulique ; ces derniers matériaux doivent toujours être préférés, surtout si l'ouvrage doit être utilisé peu de temps après sa construction.

Quoi qu'il en soit, nous indiquerons pour l'épaisseur à la base des murs en briques ou pierres à bain de ciment Portland pour réservoirs d'eau, un tiers de la hauteur et une épaisseur au sommet de 0 m. 220, la pente étant extérieure autant que possible et la paroi verticale du côté de l'eau. Si les murs doivent avoir de longues parties rectilignes, il sera nécessaire de construire des contreforts distants entre eux d'une longueur égale à la hauteur du soutènement.

Nous citerons pour le calcul de ces murs la formule de Navier : $x = 0.59\, h \sqrt{1/p}$ dans laquelle x est l'épaisseur du mur au milieu, h la hauteur du mur, p le poids de l'unité de volume de la maçonnerie.

On peut avec grand avantage, au point de vue de la solidité et de l'économie des matériaux, armer les réservoirs en maçonnerie au moyen de barres ou poutrelles en fer noyées dans l'épaisseur des murs et reliées aux angles, de façon à former une série de ceintures métalliques dans toute la hauteur de l'ouvrage. Certains constructeurs relient entre eux les murs opposés des réservoirs par des *tirants* en fer solidement boulonnés sur les faces externes des murs avec des contre-plaques d'appui. Ces tirants doivent être galvanisés et peints au minium, afin d'éviter la production de la rouille. Il serait en ce cas préférable d'enrober ces tirants de fer dans une couche de ciment, de façon à constituer entre les murs des poutres de liaison en ciment armé, qui seraient à l'abri de la dilatation et de l'oxydation.

Les réservoirs en maçonnerie ne sont donc applicables en l'étal actuel de la science, que lorsqu'on dispose d'une fondation naturelle très solide et que la pierre ne coûte rien. Autrement le réservoir en béton de ciment armé devra être préféré comme plus solide et plus économique.

Réservoirs en ciment armé. (Voir R. Champly : *Travaux en béton et ciment armés.*) — Le réservoir en béton de ciment armé ou en maçonnerie à bain de ciment armé est sans contredit supérieur à tous les autres, tant à cause de l'économie dans sa construction que pour sa légèreté, sa solidité et son homogénéité, qui seule peut supporter sans causer des fuites graves les fléchissements qui se produisent souvent dans les meilleures fondations.

Le réservoir en ciment, armé est constitué par une ossature métallique en fer rond, formée de barres de fer d'épaisseur variable avec la grandeur de l'ouvrage, depuis 5 millimètres jusqu'à 20 millimètres. Ces armatures sont entrecroisées verticalement et horizontalement de façon à former une véritable cage, toutes les barres verticales étant liées avec les cercles horizontaux, au moyen de gros fil de fer.

L'armature métallique ainsi constituée est noyée dans une épaisseur de béton de ciment de Portland, variable selon la résistance à obtenir, mais qui n'excède pas 10 a 20 centimètres, même pour les plus fortes charges usuelles dans les réservoirs d'eau.

Certains constructeurs emploient, pour combler les interstices entre les barreaux de l'armature, des briques de terre cuite ou des *parpaings* de ciment, le tout étant, naturellement, noyé dans un bain de mortier de ciment Portland. Les parois sont ensuite enduites intérieurement et extérieurement avec du mortier de ciment et de sable fin. L'épaisseur de l'enduit doit être de 1 a 3 centimètres.

Les parois des réservoirs en ciment armé peuvent avoir une forme plane ou circulaire, cette dernière étant de beaucoup préférable, au point de vue de l'économie et de la résistance.

Ces réservoirs résistent parfaitement à la gelée. On ne doit les utiliser que douze à quinze jours après leur achèvement afin de permettre au ciment d'acquérir une dureté suffisante ; pendant cette période de prise, les parois du réservoir devront être arrosées sur toute leur surface, tous les jours, afin de *nourrir* le ciment et d'empêcher une dessiccation trop prompte qui le ferait fendiller et s'écailler.

La figure 302 montre l'armature d'un réservoir transportable.

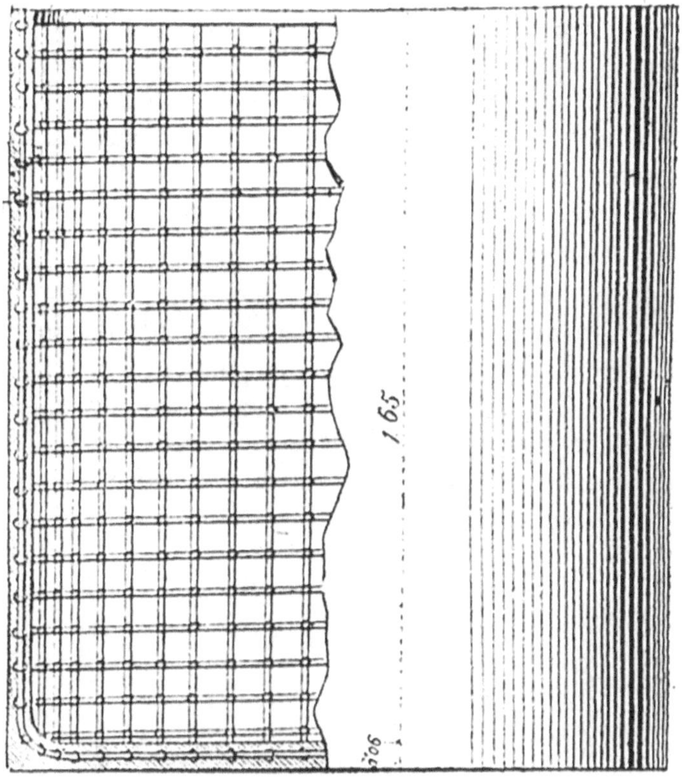

Fig. 302. - Réservoir en béton armé, fond plat.

Réservoirs en fondation. — Les réservoirs se construisent en fondation lorsque l'altitude de l'emplacement est suffisante pour la distribution de l'eau.

Dans la forme rectangulaire ou polygonale, la hauteur d'eau pour les capacités usuelles ne devra pas dépasser 3 mètres pour un réservoir découvert ou 5 mètres pour un réservoir couvert, que l'on peut augmenter de 5 et 6 mètres dans la forme circulaire, le réservoir couvert ou non. Les conduites sont habituellement amenées dans une chambre de manœuvre de la robinetterie attenante à l'ouvrage, avant de pénétrer dans le radier du réservoir. Cette chambre est mise en communication généralement avec l'intérieur du réservoir par un dispositif spécial d'échelle ou d'escalier. Dans le cas d'une division de la réserve en deux compartiments, cette chambre est mise en communication avec chacun d'eux par une disposition analogue, soit qu'il s'agisse de deux réservoirs circulaires indépendants ou d'un réservoir rectangulaire divisé par une cloison transversale. Le réservoir cylindrique divisé par une cloison diamétrale est généralement plus coûteux par le fait que l'on perd le bénéfice de la forme circulaire en exposant à des déformations nuisibles à l'étanchéité lorsque l'un des compartiments est plein et l'autre vide.

Réservoirs en élévation. — Les réservoirs en élévation sont d'une construction souvent plus délicate, eu égard aux conditions mêmes de l'installation, qui peuvent être modifiées par la nature du support. On peut dire que c'est dans ce cas particulier que la forme circulaire est incontestablement préférable. C'est elle qui s'adapte le mieux à la résistance du radier dans une forme rationnelle à cette résistance.

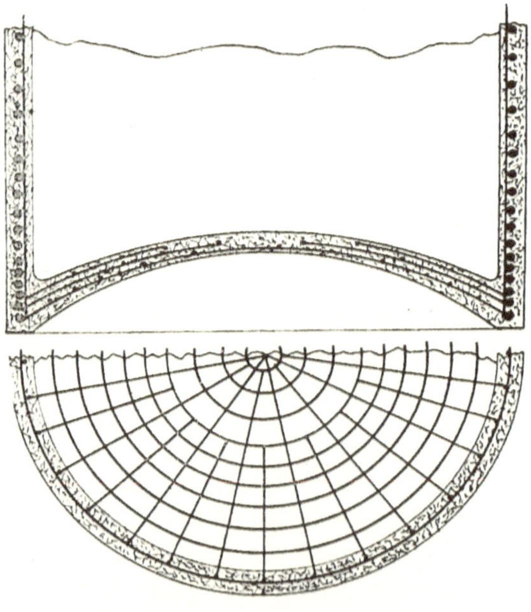

Fig. 303. - Réservoir en béton armé, fond convexe.

Considérons, en effet, un réservoir sur plancher plat, et aux deux points aux extrémités d'un même diamètre dans le plan du radier.

Ces deux points situés également dans le plan et à la base de la paroi verticale sont soumis comme tels à un effort dirigé du centre à la circonférence, et d'autre part dans le plan du radier sous l'effet de la charge intérieure de l'eau à un effort dirigé sur ce même diamètre de la circonférence vers le centre.

Ces deux efforts en sens inverse tendent à produire un décollement donnant une fuite à la gorge de raccordement. Cet inconvénient est beaucoup plus nuisible encore s'il s'agit d'un réservoir posé sur plancher entièrement métallique.

Pour remédier a cet inconvénient, on a cherché une forme de radier qui ne change pas, sur le fond, le sens des efforts, d'où la forme de *radier convexe* avec encorbellement extérieur sur l'aplomb du support qui diminue en les conservant de même sens tous les efforts à la base de la paroi verticale, et qui offre cette particularité très avantageuse de réduire ainsi le diamètre de ce support, et, par suite, le prix de son installation.

La figure 303 montre les armatures d'un réservoir à fond convexe.

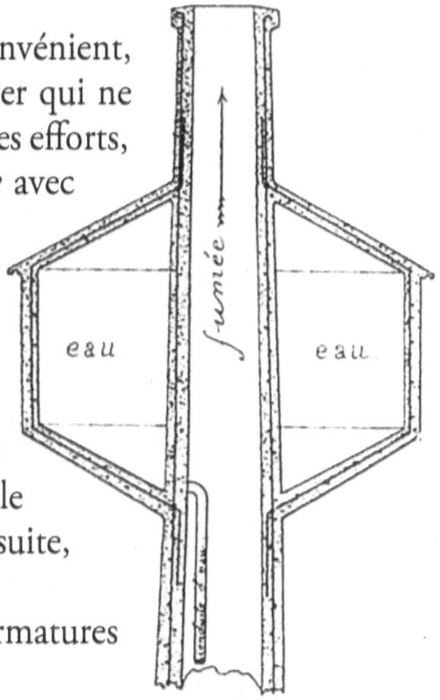

Fig. 304. - Réservoir sur cheminée ; béton armé.

Le support peut être construit suivant l'affectation qu'on lui destine, sous forme de tour ouverte ou fermée totalement ou partiellement ; il abrite la robinetterie et les conduites montant au réservoir.

Depuis quelques années on fait des cheminées d'usines en béton armé et l'on s'en sert comme d'un **pylône** pour supporter un réservoir d'eau, aussi en béton armé, placé souvent à grande hauteur. Ce réservoir est construit en même temps que la cheminée, de façon que les armatures de l'un et l'autre soient bien liées, comme le montre schématiquement la figure 304. La chaleur de la fumée empêche la congélation de l'eau en hiver ; on peut mettre le tuyau d'eau dans la cheminée (voir *vol. XVII*).

Calcul des armatures des réservoirs cylindriques en béton armé de métal Déployé. — La pression qui s'exerce sur les parois d'un réservoir cylindrique détermine dans le béton des efforts de traction auxquels l'armature a pour mission de résister.

Le calcul de cette armature se fait très simplement comme suit :

On divise le réservoir en zones horizontales de hauteurs égales (25 centimètres à 1 mètre). Soit h en mètres, la hauteur maxima du liquide, densité d, au-dessus du centre de la zone de hauteur l en mètres. La pression p en kilogrammes qui s'exerce sur 1 centimètre carré de paroi à la profondeur h est :

$$p = \frac{h}{10} \times d.$$

L'effort supporté par un demi-anneau de la paroi ayant I centimètre de hauteur et de diamètre D (on mètres) du réservoir, est on kilogrammes :

$$D \times 100 \times p \qquad \text{ou} \qquad D \times h \times d \times 10.$$

Pour la zone de hauteur l, l'effort sera $l \times 100$ fois plus grand soit :

$$P = D \times h \times d \times l \times 1000.$$

La section S en millimètres carrés de l'armature, sur l de hauteur, sera alors :

$$S = \frac{P}{2 \times r}$$

en désignant par r le taux de travail par millimètre carré admis pour le métal de l'armature : 6 à 10 kilogrammes par millimètre carré.

Construction et installation des réservoirs. — En raison des poids énormes que représentent les réservoirs d'eau, nous ne saurions trop recommander de vérifier, avant toute construction, la nature et la résistance du sol sur lequel ils doivent être établis.

Il est absolument nécessaire, sous peine de s'exposer à des fuites continuelles provenant des déformations de l'ouvrage, de fonder le réservoir ou les tours, charpentes ou pylônes qui doivent le supporter, sur un sol vierge et non ébouleux ni glissant, tel que roche ou sable compact. Si la résistance du sol offre quelques doutes, il ne faudra pas hésiter à employer l'un des modes de fondation en terrains inconsistants, spécialement les *radiers en ciment armé*, formant une vaste plate-forme rigide sous tout l'ouvrage, ou les *pilotis en béton de ciment armé ou comprimé* : ce dernier système étant de beaucoup préférable aux anciens pilotis en bois, qui n'avaient qu'une durée limitée quoique longue, tandis que les blocs de ciment armé ou comprimé sont éternels.

La fondation étant assurée, le réservoir pourra être construit sur un monticule naturel s'il en existe un ; autrement il faudra l'élever sur une charpente, tour ou pylône. Ici encore, le ciment armé nous offre de grandes ressources.

En thèse générale, le réservoir devra être assez élevé pour fournir l'eau sous pression dans toutes les parties de l'usine et spécialement aux étages des habitations. Chaque cas particulier devra donc faire l'objet d'une étude approfondie de la part de l'architecte ou de l'ingénieur hydraulicien.

Il est nécessaire de couvrir les réservoirs d une toiture légère, mais imperméable à l'eau et parfaitement jointoyée avec les parois, afin d'empêcher les oiseaux, les insectes et les feuilles mortes de pénétrer dans le réservoir et de corrompre l'eau : ceci est surtout important si cette eau est destinée à l'approvisionnement alimentaire des hommes et des animaux.

Ces couvertures peuvent se faire en tuiles, ardoises ou *fibro-ciment* (aggloméré en feuilles minces de chanvre et de ciment), enfin en zinc ou en plomb ou tôle plombée ou galvanisée.

Nous avons indiqué l'entretien de peinture des réservoirs en fer ; en général, il est bon de faire subir un nettoyage annuel aux réservoirs d'eau quelle que soit leur matière constitutive.

Les réservoirs seront utilement munis d'un indicateur de niveau, constitué par un flotteur en zinc ou en bois goudronné ; une chaînette en cuivre passant sur des poulies au-dessus des parois et un contrepoids extérieur se mouvant le long dune règle divisée en mètres cubes d'eau.

La forme d'un réservoir n'est pas indifférente au point de vue de l'économie de sa construction. En principe, on devra chercher à réaliser le maximum de contenance volumétrique avec le minimum de surface enveloppante.

C est ainsi qu'on devra toujours préférer la forme cylindrique à la forme carrée ou rectangulaire ; en effet, le réservoir cylindrique aura une plus grande résistance qu un réservoir à parois planes ; on pourra donc déjà diminuer l'épaisseur de ses parois. En outre, avec les mêmes dimensions en surface, un réservoir cylindrique contiendra beaucoup plus d'eau qu'un autre cubique, ainsi :

Un réservoir cubique de 2 mètres de côté et de 2 mètres de hauteur contiendra 8 mètres cubes d'eau ; or, avec la même quantité de matériaux, on peut faire un réservoir rond de 2 mètres de hauteur et de 2 m. 60 de diamètre qui contiendra près de 11 mètres cubes d'eau. La comparaison serait encore plus frappante avec un réservoir rectangulaire de côtés très inégaux. La confection du réservoir rond est aussi plus facile et moins chère que celle du réservoir rectangulaire.

Dans les proportions d'un réservoir d'eau, on ne doit pas exagérer la hauteur des parois : si l'on emploie un réservoir à parois très élevées, la pression de l'eau varie beaucoup selon que le réservoir est plein ou presque vide. Il est donc préférable d'augmenter le diamètre du fond, et de ne pas donner aux parois une hauteur supérieure à la longueur de ce diamètre. On aura ainsi un réservoir de proportions convenables et donnant le maximum de contenance pour le minimum de matériaux employés.

Rappelons en passant les formules du calcul de la contenance des réservoirs :

Rectangulaire : grand côté x petit côté x hauteur.

Rond : diamètre x diamètre x $\frac{3,1416}{4}$ x hauteur.

L'adduction de l'eau doit se faire par le fond du réservoir et non par le haut. On aura ainsi l'avantage d'économiser du travail à la pompe lorsque le réservoir sera vide, en tous cas ce travail ne deviendra maximum que lorsque le réservoir sera plein ; dans le cas d'adduction de l'eau par le haut, le travail de la pompe est constamment maximum. J'insiste sur ceci parce que beaucoup

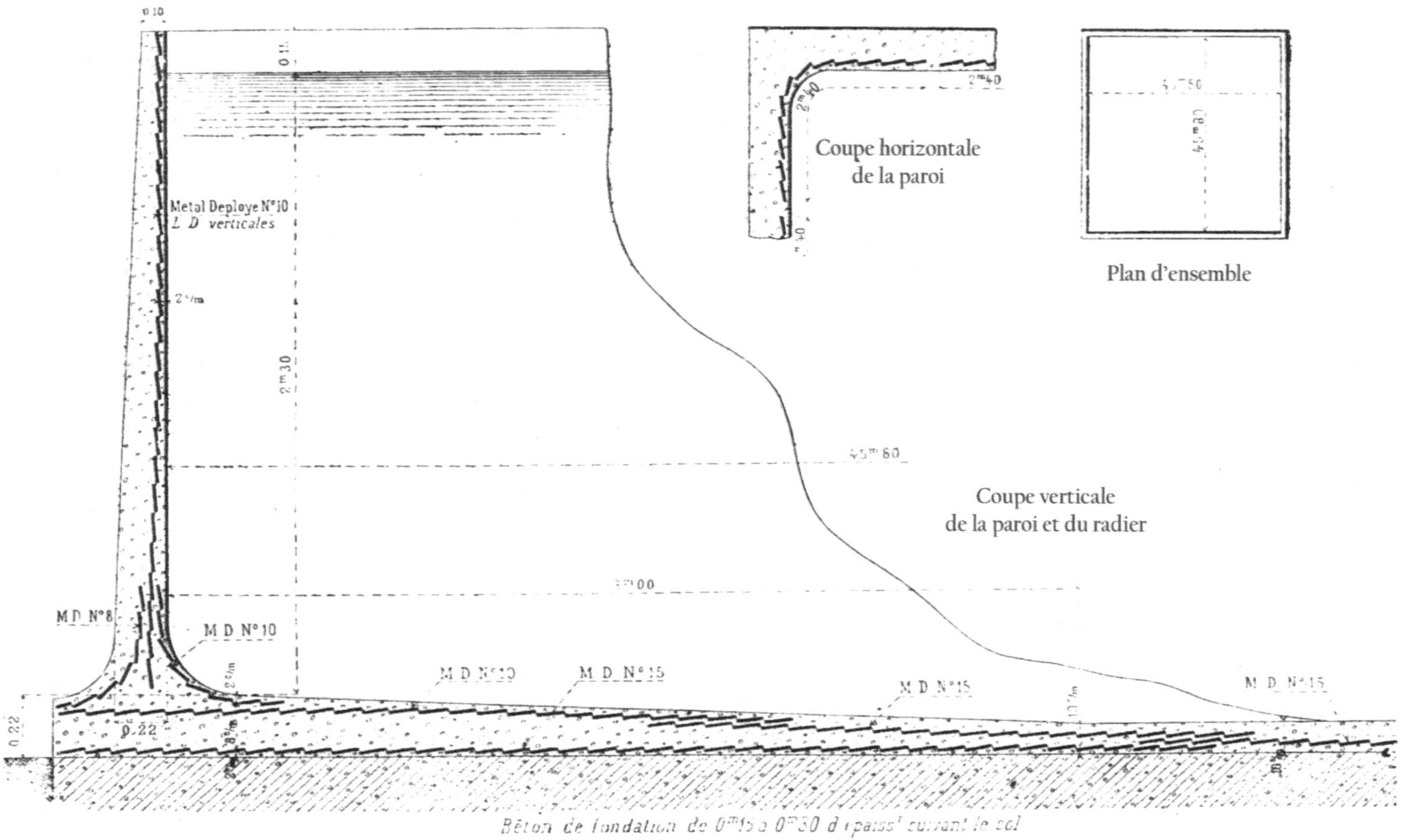

Fig. 305. - Réservoir en béton armé de métal Déployé.

d'entrepreneurs de nos villages ne se rendent pas compte que le travail de la pompe dépend de la hauteur totale de l'eau dans le réservoir et non pas de la quantité d'eau contenue dans ce réservoir.

L'avantage de l'adduction par le fond est aussi de permettre aux tuyaux de refoulement de la pompe de servir en même temps de tuyaux de distribution de l'eau : on trouvera donc là une économie considérable.

Le réservoir devra être muni d'un tuyau de trop-plein, d'une bonde ou vanne de fond et d'un tuyau de décharge ou vidange, qui pourra être constitué par le tuyau d'adduction de l'eau dans le cas indiqué ci-dessus.

La figure 305 montre la construction d'un réservoir rectangulaire ou carré en **béton armé de métal Déployé**, d'une contenance de 5.000 mètres cubes : on remarquera le renforcement des armatures vers la base et le fond du réservoir : les indications M. D. donnent le *numéro* du métal Déployé utilisé.

La figure 306 représente deux citernes à pétrole avec revêtement en verre, chacune de la capacité de 500 hectolitres, construites en 1902 près de la gare de Bucarest pour le compte des **Chemins de fer de l'État roumain** (en Roumanie, les locomotives marchent au pétrole) par M. *Bonsari et Cie de Zürich.*

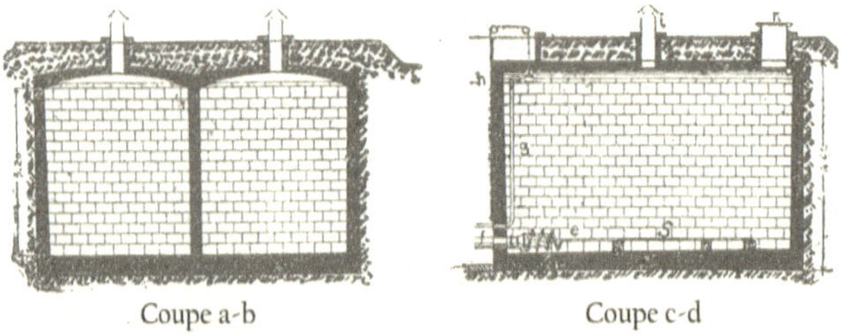

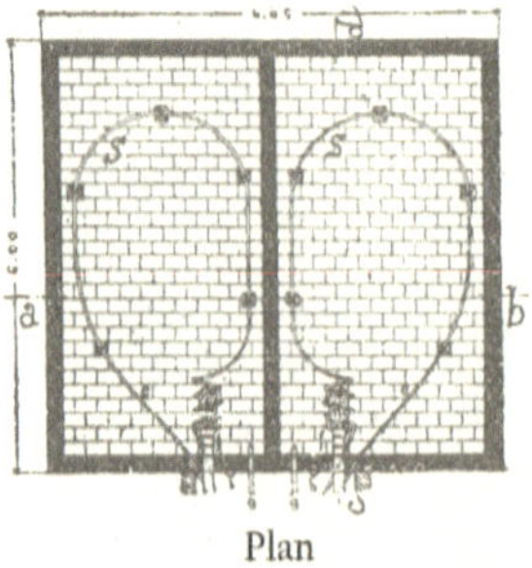

Fig. 306. - Citerne à pétrole.

s = Serpentins pour réchauffer le pétrole en hiver au moyen de la vapeur. - *f* = Tube d'aspiration. - *g* = Tube de remplissage. - *h* = Indicateur de niveau.

Calcul des tuyaux et des réservoirs en béton armé. — Dans le calcul des tuyaux et réservoirs en béton armé, la résistance du béton doit être considérée comme nulle et l'on ne doit compter que sur la résistance des armatures, qui peut être considérable si l'on emploie de bons aciers et qui est invariable puisque l'armature est indéfiniment préservée de la destruction par l'enrobage du béton de ciment. Les armatures des tuyaux et réservoirs se distinguent en *génératrices* qui sont des armatures rectilignes selon la longueur de l'ouvrage, et en *directrices* qui sont *circulaires* ou se rapprochant autant que possible de cette forme parfaite au point de vue de l'équilibrage des pressions. Si le réservoir ou le tuyau doit avoir des parties planes, celles-ci devront être considérablement et convenablement renforcées, car elles n'offrent pas la même résistance que les parties circulaires.

Les directrices peuvent être enroulées en spirale tout, autour des génératrices, ou disposées en cercles parallèles en dehors ou en dedans des génératrices ou même en dehors et en dedans, ou encore enchevêtrées dans les génératrices, qui doivent être ligaturées autant que possible à tous leurs points de croisement avec les directrices.

Dans le calcul des armatures des tuyaux et réservoirs, on déterminera la pression à chaque point du tuyau ou réservoir.

Nous admettrons que la pression est la même pour tous les points d'une même tranche perpendiculaire à l'axe du tuyau.

Mais, dans le cas des réservoirs, la pression est plus forte vers le fond qu'à la surface et il faudra tenir compte de cette différence en augmentant le nombre des directrices vers le fond ou en augmentant la section des barres de métal qui les forment à cet endroit, en calculant chacune séparément selon la pression qu'elle supporte, comme on le voit figure 304.

On peut s'abstenir de calculer les génératrices car elles ne font que soutenir les directrices qui supportent en réalité la pression à elles seules.

Aussi l'on donne généralement aux génératrices des dimensions variant entre 6 et 15 millimètres de diamètre selon le diamètre du tuyau ou du réservoir, et l'on applique, pour le calcul des directrices, la formule du calcul de l'épaisseur d'un tuyau métallique en considérant que les directrices doivent donner une surface de section équivalente à celle qu'aurait ce tuyau hypothétique.

Soit D le diamètre intérieur du tuyau ou réservoir en millimètres.

Soit e l'épaisseur cherchée en millimètres.

Soit p la pression intérieure par millimètre carré.

Soit R la résistance pratique du métal par millimètre carré.

On a, d'après la formule de Lamé :

$$e = \frac{D}{2}\left(\sqrt{\frac{R+p}{R-p}} - 1\right)$$

L'épaisseur du tuyau étant e, la surface de section sur 1 mètre sera 1000 e, si l'on a n armatures directrices par mètre courant, la section de chaque armature devra donc être :

$$s = \frac{1000\,e}{n}$$

D.'après Claudel et Laroque, la surface de section des directrices peut se calculer d'après la formule plus simple

$$S = \frac{pD}{2\,R}$$

en employant les résistances pratiques de 9 kilogrammes pour le fer et de 12 kilogrammes pour l'acier.

Dans l'application dos formules ci-dessus, il faut bien entendu ramener toutes les quantités à la même unité : le millimètre par exemple.

Les coffrages des réservoirs se font au moyen de panneaux de forme établis dans le genre des *cintres* en planches que l'on emploie pour la construction des voûtes. L'armature est d'abord établie entièrement et les directrices ligaturées avec les génératrices, puis le béton est pilonné entre les coffrages que l'on déplace tout autour du réservoir au fur et à mesure de l'avancement du travail : on peut ainsi construire des réservoirs de grandes dimensions avec quelques mètres carrés seulement de coffrages.

La figure 302 montre l'armature d'un réservoir circulaire que l'on fabrique en usine jusqu'à 4.000 litres de contenance et que l'on construit sur place au-dessus de cette dimension.

Dans les réservoirs surélevés, le fond est formé en voûte et souvent les parois sont en encorbellement, les armatures des pylônes se prolongent pour former le fond et les génératrices du réservoir, de façon que l'ensemble est un seul bloc de béton armé.

Le réservoir est couvert d'une calotte en ciment armé dont l'armature est formée d'une série de grands cercles et de méridiens.

Cette calotte peut être très aplatie, son armature est reliée à celles des parois du réservoir.

Les coffrages pour la confection des tuyaux sont constitués : pour l'intérieur par un mandrin en bois ou en tôle : ce mandrin est légèrement conique, ou bien il est en deux pièces et extensible, pour permettre un démontage facile : en enduisant d'huile la surface du mandrin, le ciment n'y adhère pas. Pour l'extérieur, il faut un caissage démontable en trois ou plusieurs parties permettant d'abord le foulage du mortier sur tout le pourtour du tuyau et ensuite un démoulage facile.

(Voir *volume II*, page 220.)

Ce coffrage extérieur est généralement serré par des brides en fer que l'on ouvre pour démonter.

Les joints des tuyaux en ciment armé se font au moyen de bagues aussi en ciment armé que l'on place à l'aplomb du joint et sous lesquelles on fait pénétrer d'abord la barbotine et ensuite du mortier fin.

Réservoirs pour le transport des liquides. — On donne généralement à ces réservoirs la forme cylindrique avec les fonds bombés extérieurement, comme le montre la figure 307. Les tôles et rivures de ces réservoirs se calculent comme celles d'une chaudière devant résister à la basse pression d'environ une demi-atmosphère à cause des chocs et aléas du transport. Voici les proportions du réservoir représenté figure 307, qui peut se placer sur un wagon plate-forme de 10 tonnes :

Diamètre........................	1,55 mètre.
Longueur........................	4,65 m. de fond à fond
Poids.............................	1600 kilos environ;
Tôle de...........................	8 mm. pour les parois.
Tôle de...........................	6 mm. pour les fonds.
Contenance.....................	80 hectolitres.

Des **trous d'homme** sont prévus au sommet.

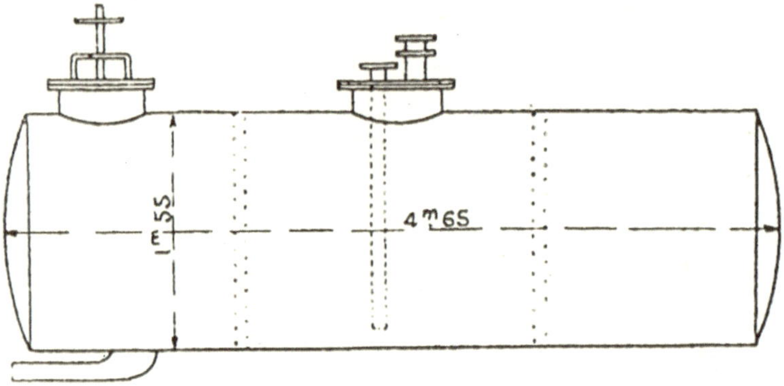

Fig. 307. - Réservoir pour transport de liquide.

CHAPITRE XVI

ORGANES DE DISTRIBUTION DE GAZ ET DE VAPEUR

Les organes de distribution des fluides sous pression ou aspirés sont : pour la **vapeur sous pression et l'air comprimé** :

- Les *valves rotatives* qui sont des genres de robinets.
- Les *tiroirs plans.*
- Les *tiroirs cylindriques équilibrés.*
- Les *soupapes et pistons valves.*

Pour les **moteurs à explosion** agissant *par aspiration* :

- Les *soupapes.*
- Les *chemises cylindriques* coulissant entre le piston et le cylindre (moteurs Knight et analogues).
- Les *tiroirs plans* (ancien moteur Otto).

TABLE DES MATIÈRES

Sciences et Techniques anciennes

www.decoopman.com

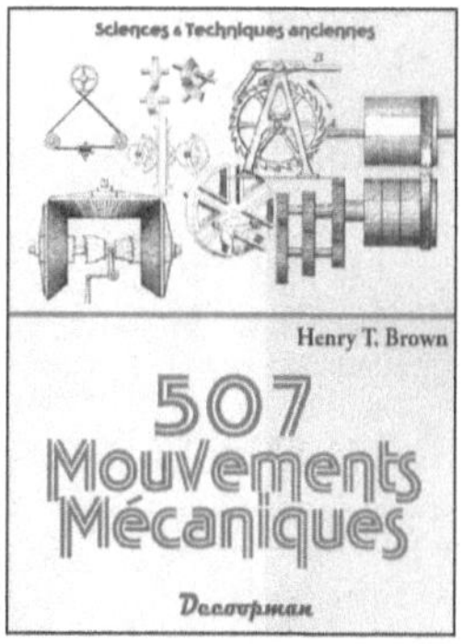

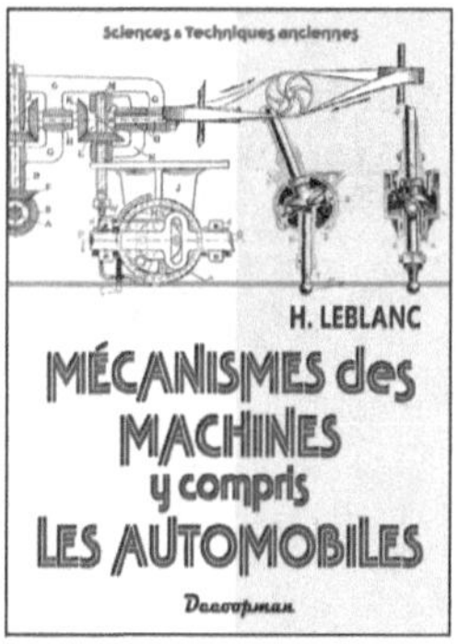

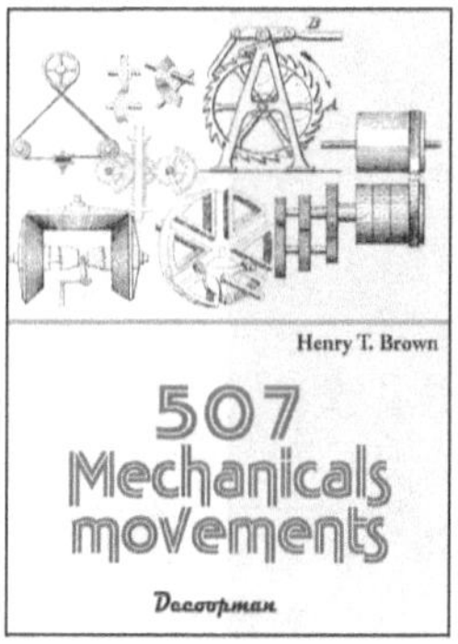

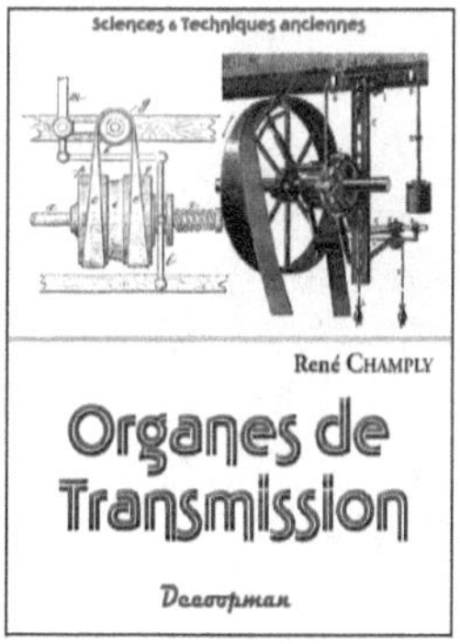

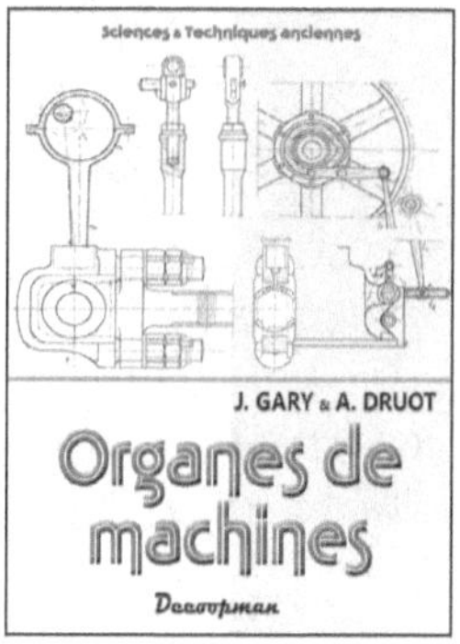

Sciences et Techniques anciennes

www.decoopman.com

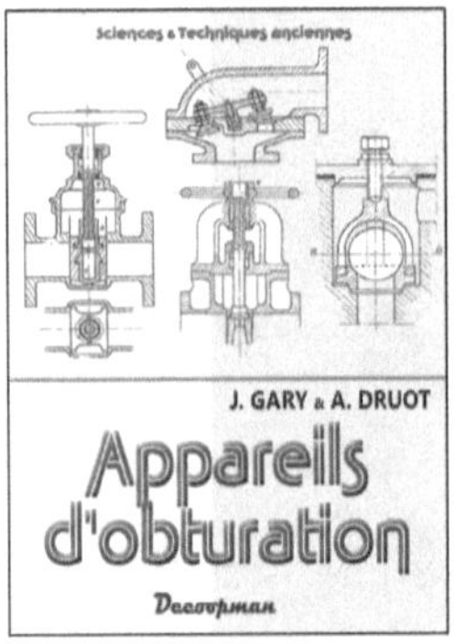

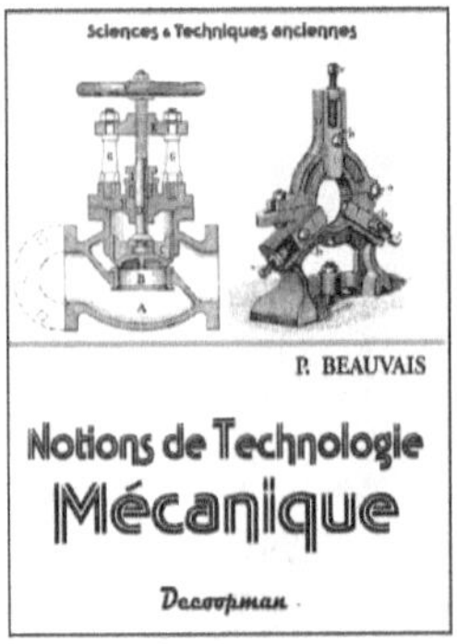

Éditions Decoopman - Ferrières - 30440 Saint-Laurent-le-Minier
Tel : +33 (0) 4.67.73.90.95 - web : www.decoopman.com - e.mail : editions@decoopman.com
Catalogue gratuit sur simple demande

Sciences et Techniques anciennes

www.decoopman.com

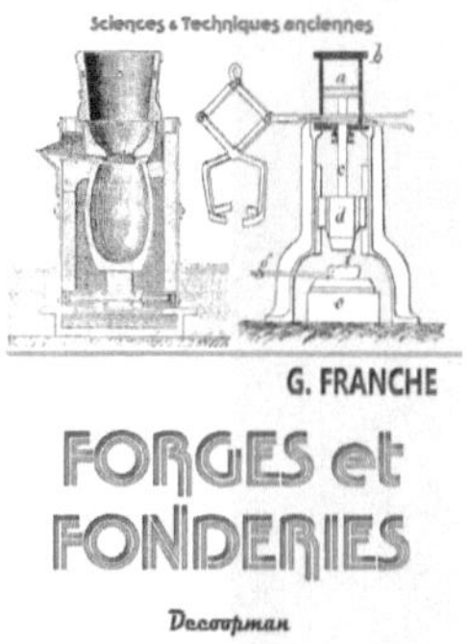

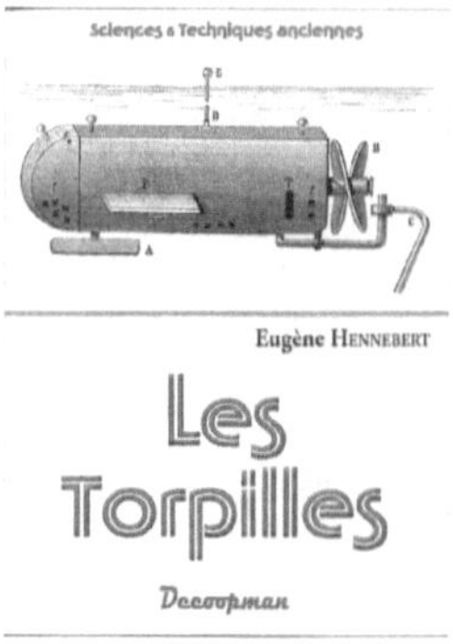

Éditions Decoopman - Ferrières - 30440 Saint-Laurent-le-Minier
Tel: +33 (0) 4.67.73.90.95 - web: www.decoopman.com - e.mail: editions@decoopman.com
Catalogue gratuit sur simple demande

www.ingramcontent.com/pod-product-compliance
Lightning Source LLC
LaVergne TN
LVHW090432061026
849522LV00002B/600
9782369651468